水务海洋信息化技术架构顶层设计

上海市防汛信息中心（上海市水务信息中心、上海市海洋信息中心）　编著

马维忠　主编

高芳琴　张　新　杜　鹃　副主编

上海科学技术出版社

图书在版编目(CIP)数据

水务海洋信息化技术架构顶层设计 / 马维忠主编；
上海市防汛信息中心(上海市水务信息中心,上海市
海洋信息中心)编著.—上海：上海科学技术出版社,
2015.1

ISBN 978 - 7 - 5478 - 2461 - 0

Ⅰ.①水… Ⅱ.①马… ②上… ③上… ④上… Ⅲ.
①城市用水—水资源管理—信息化—研究—上海市 Ⅳ.
①TU991.31 - 39

中国版本图书馆 CIP 数据核字(2014)第 274869 号

水务海洋信息化技术架构顶层设计

上海市防汛信息中心(上海市水务信息中心、上海市海洋信息中心)　编著
马维忠　主编

上海世纪出版股份有限公司
上 海 科 学 技 术 出 版 社　出版
(上海钦州南路 71 号　邮政编码 200235)
上海世纪出版股份有限公司发行中心发行
200001　上海福建中路 193 号　www.ewen.co
苏州望电印刷有限公司印刷
开本 787×1092　1/16　印张 7.75
字数：150 千字
2015 年 1 月第 1 版　2015 年 1 月第 1 次印刷
ISBN 978 - 7 - 5478 - 2461 - 0/TV·3
定价：45.00 元

本书如有缺页、错装或坏损等严重质量问题,请向工厂联系调换

内 容 提 要

  本书在全面回顾、评价上海市水务海洋信息化建设的相关成绩、经验和存在问题的基础上,结合上海建设智慧城市的相关要求和新一轮信息技术发展趋势,提出未来一个时期上海市水务海洋信息化发展的定位、指导思想和目标、任务,并应用物联网、云计算、大数据等技术对水务海洋信息化进行了技术架构顶层设计。

  本书作者来自行业信息化管理部门、业务规划设计部门及专业的信息化咨询机构,充分发挥了信息化管理、业务规划和信息技术三方面的优势,对于全国水务(海洋)信息化行业及其他相关行业的信息化规划和架构设计具有较好的参考价值。

  本书适合各行业信息化规划、设计和管理部门的工作人员阅读,尤其是水务、海洋行业,同时也适合各级信息化咨询单位专业人员和高校师生阅读。

本书编委会

主　编：马维忠

副主编：高芳琴　张　新　杜　鹃

编　委（按姓氏笔画排列）：

叶晓峰　吕文斌　李　佼　李静芳　把　祎

沈建刚　张　弛　郑晓阳　宗志锋　钱文晓

倪　雄　徐贵泉　黄　林　黄士力　龚岳松

蓝　岚

编写单位：

上海市防汛信息中心（上海市水务信息中心、上海市海洋信息中心）

上海市水务规划设计研究院（上海市海洋规划设计研究院）

上海中标信息工程监理有限公司

信息化是当今世界发展的大趋势,是推动经济社会变革的重要力量,大力推进信息化是覆盖我国现代化建设全局的战略举措。水务海洋信息化是提升履行政府职能能力的重要手段,是实现新的治水思路的重要抓手,是推进水务海洋事业发展的助力器,是水务海洋现代化建设的必要条件。

2000 年上海市水务局成立以来,水务信息化在整合原有水利、供水、排水三大行业信息资源的基础上,坚持以需求为导向,以应用为核心,以规划和标准为引领,充分发挥体制优势,建成以三个平台(数据平台、网络平台、应用平台)为基础框架的体系。2009 年水务海洋合署办公,开始了水务海洋信息化的一体化建设。经过 10 余年的发展,"数字水务"基本建成,"数字海洋"稳健起步。

当前,物联网和大数据、云计算、平台化、移动互联网等新一轮信息技术不断涌现,深刻改变了信息化发展的技术环境。一方面,伴随知识经济的进一步发展,信息资源日益成为重要的生产要素,信息化在水务海洋业务发展中的引领和支撑作用进一步显现。另一方面,"加快水利改革发展"、"建设海洋强国"及"建设上海现代化国际大都市"对上海市水务海洋发展提出了更高要求,水务海洋事业发展正面临着前所未有的机遇和挑战。

为全面贯彻落实上海市水务(海洋)发展战略及"智慧城市"建设的总体要求,特组织开展"上海市水务海洋信息化技术架构顶层设计",本顶层设计从全球的视野和国家发展战略的角度明确水务海洋信息化在上海智慧城市建设中的战略定位,明确未来信息化发展总体思路和目标,细化信息化技术要求,梳理水务海洋信息化建设任务，提出用 10 年左右时间基本建成以智能感知、智慧应用为核心的"智慧水网"，使水务海洋信息化发展水平整体上达到国内同行业领先水平，持续推动水务海洋事业的科学发展。

本书共分八章。第 1 章为绪论；第 2 章为现状与需求分析；第 3 章为水务海洋信息化总体架构设计；第 4 章到第 7 章详细阐述了水务海洋信息化架构中的各个组成部分的技术架构和主要内容——水务海洋智能感知网、"水之云"服务平台、水务海洋应用集成体系、信息安全和标准规范保障四个部分；第 8 章为总结和展望。

本书是基于上海市水务海洋信息化建设工作的总结和思考，受作者水平与研究视野的限制，本书在研究范围和研究深度上都有一定的局限。本书提出的有些观点还不够成熟，书中不妥之处恳请有关专家与广大读者批评指正。

编　者

2014 年 9 月

目录 CONTENTS

第1章

绪　论

　　水务海洋工作事关经济社会发展全局,事关公共安全、民生改善和生态文明建设的大局,具有很强的公益性、基础性、战略性特点。在新一轮加快政府职能转变的改革浪潮和建设现代化国际大都市的征程中,水务海洋工作将发挥更加全面、更加高效、更加可靠的基础保障作用。

　　水务海洋信息化是履行政府职能的重要手段,是实现新的治水管海思路的重要抓手,是推进水务海洋事业发展的助力器,是水务海洋现代化建设的必要条件,并将在上海创建面向未来的智慧城市的过程中发挥重要支撑作用。

　　本章从"智慧城市"建设背景下的水务海洋信息化发展总体思路入手,介绍了水务海洋信息化的指导思想与基本原则、发展目标,以及技术架构顶层设计的技术路线和主要内容。

1.1　指导思想与基本原则

　　2011 年中央一号文件明确指出"水利改革发展的最终目标是'努力走出一条中国特色水利现代化道路'"。同时,中共十八大报告提出,提高海洋资源开发能力,发展海洋经济,保护海洋生态环境,坚决维护国家海洋权益,建设海洋强国。水务海洋业务发展正面临着前所未有的机遇和挑战,注重信息技术与水务海洋业务的全面深度融合,是实现水务现代化和建设海洋强国宏伟目标不可或缺的动力与支撑。

近年来,云计算、物联网、大数据、移动互联等信息技术发展迅猛,对水务海洋信息化发展提出了新的迫切要求,需要运用新理念、新技术进行新一轮信息化规划和架构设计。

在此基础上,上海市水务海洋信息化发展的指导思想是:对接上海创建面向未来的"智慧城市",紧紧围绕上海治水管海统筹、流域区域水务协调、城乡水务海洋融合的发展思路,坚持以创新为动力、服务为主线、需求为导向、应用为核心,加强物联网、云计算、移动互联等新技术的应用,加快"智慧水网"的集约化建设,构建大枢纽,搭建大平台,形成大数据,完善大安全,提供大服务,以信息化跨越式发展提升水务海洋现代化管理和服务能力。

因此,上海市未来十年的水务海洋信息化发展,应该遵循以下几条基本原则:

1. 坚持规划统筹,急用先建

以社会公共服务和行业发展的需求为导向,以应用为驱动和牵引,充分发挥信息技术提升工作效能的作用,加强水务海洋管理中各项业务之间的信息联动和业务协同。转变政府职能,以加强水务海洋领域内的社会公共服务能力为突破口,不断提升业务政务信息化水平。全面推进信息技术与业务应用由点及线、由线及面地深度融合。

2. 坚持业务协同,深度融合

合理配置资源,优化整合资源,建立统一的技术支撑体系,加强信息化集约化建设。避免基础设施的重复投资,降低维护的强度和成本,降低信息安全风险。加强数据共享与挖掘,提升辅助决策水平。避免基础应用的重复建设,提高水务海洋应用的通用性和可拓展性。

3. 坚持标准统一,信息共享

把制度创新与技术应用放在同等重要的位置,完善体制机制,努力实现信息技术应用与业务协同工作的良性互动。从管理现状和业务需求出发,严格按照国家、行业、地方标准规范和相关要求,完善水务海洋信息化标准体系,保障信息化建设与中央、流域、市、区(县)等各层面上的协调一致,体现信息化建设的整体性和系统性。

4. 坚持建管并重,安全为先

水务海洋信息化应用系统一直处于一个边建边用、边用边改的螺旋式上升过程中,信息化建设和业务需求发展是相辅相成的,需要坚持边建边用的同时坚持建管并重。高度重视信息安全,正确处理信息安全与水务海洋事业发展之间的关系,以安全保障发展,以发展促进安全。安全的系统才是可用的系统,信息系统的安全是相对的,但必须将其安全性放在首位,当其他需求与安全需求冲突时,优先考虑安全。

1.2　信息化发展目标

水务海洋信息化的发展目标共分为近期和远期两个阶段。

1.2.1　近期目标

近期(截至 2020 年),形成与"智慧城市"相适应的"智慧水网"基本框架,基本实现监测感知化、平台集约化、政务协同化、服务个性化,形成与水务海洋信息化等相适应的安全保障能力。具体体现在以下四个方面:

(1) 在信息感知方面,探索应用物联网技术,面向管理需求,建立覆盖更为全面、透彻的安全、资源、生态环境、海洋综合"四位一体"的智能感知体系。

(2) 在服务平台方面,加强基础设施、数据、应用等各类资源整合和统一管理,初步构建以基础设施、数据、应用软件等资源化集成利用为核心的水务海洋公共信息云服务平台——"水之云"服务平台。

(3) 在应用集成方面,加强流程优化再造,实现市、区两级水务海洋规划、许可、监管、执法等主要行政业务网上流转、并行协同;加强数据分析和智能模拟,实现水务海洋业务管理和辅助决策的智能化;加强网站、热线、移动互联等多种方式服务,实现个性化、泛在、智能的公共服务应用集成。

(4) 在管理保障方面,加强新技术条件下的标准规范建设和信息安全管理,落实核心业务系统满足三级等保要求的安全保障措施。

1.2.2 远期目标

远期(截至 2025 年),基本建成具有水务海洋特色、体现先进技术水平的"智慧水网",智能化应用与业务工作深度融合,基本实现智能感知、智能调度、智能决策与智能服务。形成与水务海洋现代化管理相适应的信息保障体系,信息资源开发利用和信息安全保障达到国内同行业领先水平,服务保障水务海洋事业的可持续发展。

1.3 顶层设计技术路线

在开展水务海洋信息化技术架构顶层设计时,笔者首先研究了国家水利部、住房和城乡建设部(以下简称"住建部")、国家海洋局等上级部门发布的相关法规、文件、规划和技术标准等材料。然后对上海市水务(海洋)局系统、部分区县水行政管理部门进行了信息化情况调研,摸清现状,明确需求,调研工作按局内外、系统内外、市内外分类开展,集中在基础设施、数据资源、应用系统、保障环境等方面。

在调研基础上,结合上海市建设智慧城市的相关要求和新一轮信息技术发展趋势,开展水务海洋信息化顶层设计,明确行动任务,编制规划文本,形成顶层设计技术路线图,如图 1-1 所示。顶层设计技术路线编制步骤如下:

1. 开展调查研究与现状评估

以上海市水务(海洋)局系统和部分区县水务(海洋)主管部门为调研对象,重点开展整体信息化现状调查、评估和分析,分析现状与目标的差距。

全面回顾、评价和总结已有水务海洋信息化规划执行情况及信息化建设的相关成果、经验和不足,明确水务海洋信息化规划可能的发展思路和主攻方向。全面剖析水务海洋信息化面临的挑战,分析水务海洋信息化工作中存在的矛盾和问题。

2. 开展需求与技术发展分析

根据城市、水务和海洋等业务方面的总体规划及要求,以上海市水务海洋

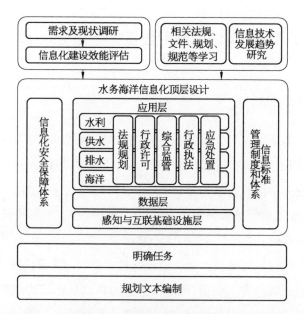

图 1-1　顶层设计技术路线图

信息化发展的实际情况为基础,分析新技术发展趋势,以发展中的热点难点为抓手,全面分析业务发展对信息化的需求。

3. 开展信息化顶层设计

利用系统的观点,按照科学的理论、方法和步骤,多视角地分析、描述和设计整个水务海洋业务范围,建立水务海洋信息化的总体架构。以实现系统间的信息共享和互操作,有效解决跨部门、跨系统的合作为目标,开展顶层设计。

4. 开展应用系统集约化设计

按照分级分类的方法,从决策层和行业管理两个层面开展应用系统的集约化设计,注重"水安全、水资源、水环境"相关内容的全覆盖,注重"法规规划、行政许可、综合监管、行政执法、应急处置"各业务环节之间的信息共享,注重水利(水文、堤防)、供水、排水、海洋各行业之间的分工协作。

5. 开展信息安全保障体系设计

以网络基础设施和信息安全方面的现状情况和存在问题为基础,规划统一的网络基础设施和信息安全保障体系,制定统一的信息安全措施和安全策略,建立一个安全、快速、高效的信息安全保障体系。

1.4 本书的编写结构和创新点

1.4.1 编写结构

水务海洋信息化顶层设计是在全面对现状、问题和需求进行分析的基础上，在技术层面上对今后一段时期的信息化发展进行整体统筹设计，重点是以资源集约和业务协同的需求为基础，描述水务海洋信息化的技术架构和基本技术要求，以规范和指导水务海洋信息化建设和管理。本书共包括八章：

第1章为绪论，介绍了水务海洋信息化建设的指导思想与基本原则，明确了近、远期发展目标，简要概括顶层设计的技术路线与主要内容等。

第2章为现状与需求分析，阐述了水务海洋信息化现状调研的方法，从信息化基础设施、数据、应用平台、保障体系四个角度概括了水务海洋信息化发展现状，并分析了主要成果和存在不足，以及水务海洋信息化在总体目标、日常业务和应急业务三方面的需求。

第3章为水务海洋信息化总体架构设计，设计了"四个一"的总体框架：一张智能感知网、一个"水之云"服务平台、一套应用集成体系、一组信息安全和标准规范保障，阐述了智慧城市和智慧水网的关系，并衍生出功能架构。

第4章、第5章、第6章、第7章分别对智能感知网、"水之云"服务平台、应用集成体系、信息安全和标准规范保障四部分设计构建架构，明确建设任务，落实基本要求。把整个水务海洋信息化形成一个整体，对信息化基础设施、数据资源、应用系统建立统一的标准和架构供参照，应用系统能够与其他系统进行信息共享或互操作，从而有效解决跨部门、跨系统的合作，保障信息化建设中的资源集约、信息共享和应用协同。

第8章为总结和展望。在全面回顾总结顶层设计的基础上，从顶层设计落实出发，重点对组织实施和"水之云"服务平台建设进行了展望。

1.4.2 本书的创新点

本书在水务海洋信息化技术架构顶层设计中，坚持以需求为导向、应用为核心、创新为动力、服务为主线的指导思想,以水务海洋信息化的集约化、业务化、协同化、智能化功能定位进行规划设计,其主要特点有:

(1)搭建大平台,更加突出集约建设。摒弃分散、重复建设的旧模式,通过对网络与基础设施、数据库、应用系统的集约建设,充分实现资源整合、信息共享和安全可靠。

(2)提供大服务,更加突出应用协同。整合应用门户网站、移动终端等跨平台服务,将信息资源开发利用与新技术融合在水务海洋各业务环节,创新工作机制,实现网上协同、高效流转、规范透明的信息化业务工作模式。

(3)形成大数据,更加突出智能监管。完善水安全、水资源、水环境(生态)及海洋综合智能感知,完善数据采集传输、存储交换和分析挖掘,逐步开展基于大数据技术的应用研究,形成水务海洋行业监管的监测监控、预测预警、分析评价和调度指挥等智能化应用示范。

(4)完善大安全,更加突出管理保障。结合水务海洋信息安全保障需求和信息安全技术发展趋势,从安全技术应用、信息安全管理、防范能力建设、标准规范建设四个方面,做好信息安全保障,确保信息化高效有序、安全可控。

第2章
现状与需求分析

上海市水务局成立以后,实现了从"九龙治水到一龙管水"的体制创新,经历了从一管到底到政企、政事、管办三分开的职能转变。水务海洋合署办公后,又探索形成了具有上海特色、大城市特点、陆海统筹的水务一体化管理体制和海洋综合管理体制,形成了决策监督相分离,行政审批、行业管理、行政执法既相互协同又相互制约的工作机制,综合治水管海的体制效应不断放大。

水务信息化是服务和支撑"水安全、水资源、水环境"三位一体、相互协调治水理念的重要手段。10 多年来,水务信息化依托上海水务管理体制优势,以《上海市水务局信息化规划》(2003—2010 年)为指导,在原有水利、供水、排水三大行业信息化基础上,通过资源整合、信息共享和系统集成,率先建成水务公共信息平台及一批应用系统,信息化居全国同行业先进水平。

2.1 发展现状

水利是国民经济和社会发展的基础设施和基础产业,充分利用现代信息技术,提高水利信息资源的应用水平和共享程度,全面提高水利建设的效能及效益是国家水利信息化工作的出发点。

2.1.1　国内水利信息化发展现状

1. 通过加强基础设施建设,水利信息化的支撑能力进一步提升

"十一五"期间,随着水利信息化重点建设项目的顺利实施和快速推进,水利信息化基础设施得到进一步完善,支撑水利业务的能力得到进一步提升。水利信息网覆盖面不断扩展,基本建成包括 1 个卫星主站、300 多个卫星终端小站的全国防汛卫星通信网。视频会商服务能力不断增强,22 个省(区、市)实现了区域覆盖,部分省市连通到区县甚至乡镇水利单位。

2. 通过加强水利信息资源开发利用,水利业务数据内容覆盖范围进一步拓展

在全国范围内初步形成了体系比较完整、内容相对丰富、实用性较强的水利信息存储与服务体系。完成了覆盖基础设施、工作底图、遥感影像数据、水利普查成果库、软件系统、水利普查数据模型、西部三个重要湖泊容积测量、标准规范和管理办法八个方面的第一轮水利普查。国务院于 2010 年 1 月下发《关于开展第一次全国水利普查的通知》,决定于 2010—2012 年开展第一次全国水利普查。基础设施普查中,在已有水利信息化资源的基础上,根据水利普查项目的工作需要,按照"填平补齐"的原则,对基础环境建设进行必要的补充和完善,有效整合了信息化资源,有力支撑了水利普查工作。通过普查建立了较为完备的全国水利普查基础数据库,成果库包含河流湖泊、水利工程、经济社会用水、河湖开发治理保护、水土保持、行业能力、灌区和地下水取水井的空间位置、形态特征和空间拓扑关系、属性关联关系等信息,覆盖 9 900 万余个清查对象的基本业务信息,900 万余个普查对象的详细业务信息,550 万余个普查对象的空间数据。

3. 通过推动资源整合共享,水利信息化应用效能进一步提升

持续推进"金水工程"建设,"金水工程"指为解决水利重大水问题和民生水利而开展的覆盖水利信息化全局性的重大工程。2001 年,水利部信息化工作领导小组正式确定"金水工程"。2002 年,《我国电子政务建设指导意见》(中办发[2002]17 号)将"金水工程"列为国家"十二金"之一。2003 年,水利部编制完成《全国水利信息化规划》（即《"金水工程"规划》），并正式印发。此后，"金水工程"有序推进，特别是重点建设任务建设顺利，主要包括建设国家防汛抗旱指挥系统，在流域、区域和城市试点建设的基础上，全面启动国家水资源监控能力建设，基本建成全国水土保持监测网络和信息系统，试点建设实施了农村水利大型灌区和饮水安全的信息化管理系统，基本建成了水利部，七个流域机构和部分省（自治区、直辖市）的电子政务系统。

4. 通过提高安全防范意识，安全等级保障进一步加强

水利信息网络安全保密设施不断完善，覆盖部机关和七个流域机构的政务内网安全保密分级保护改造全部完成，水利部机关和直属单位的信息系统安全等级保护定级工作也顺利完成，并完成了在部机关政务外网的等级保护整改建设。各级水利部门进一步加强了信息化工作的组织领导，基本建立了与水利信息化建设要求相适应的管理体制，行业管理职能得到加强。制定了水利信息化总体规划、"十一五"发展规划，以及多个专项建设规划，明确了水利信息化的发展思路、阶段目标和工作重点，水利信息化规划体系不断完善。水利信息化标准作为一个专业门类列入了新修编的水利技术标准体系，完成了水利信息化顶层设计和重点工程基本技术要求，逐步形成较为完善的水利信息化标准体系，为水利信息化的规范发展奠定了技术基础。制定了信息化建设管理、信息发布、网络与网站管理、资源整合与共享、安全管理等方面的规章制度，强化和规范了水利信息化建设与管理。不断加强运行维护工作，明确专门的运行管理机构，配备专门的运行维护人员，制定了日常维护管理制度，出台《水利信息系统运行维护定额》，将运行维护费纳入了财政预算，大大改变了水利信息化"重建轻管"的局面，为水利信息系统的运行维护提供了财政支持。

2.1.2 上海市水务海洋信息化现状调研

水务海洋信息化规划是一项规模庞大、结构复杂、涉及面广的系统工程，为确保达到预期目标，需将信息化自身研究与行业发展相结合，在对局系统及行业重点单位充分调研的基础上，全面回顾、评价和总结已有水务海洋信息化

规划执行情况及信息化建设的相关成绩、经验和存在问题,明确水务海洋信息化规划可能的发展思路和主攻方向。全面剖析水务海洋信息化面临的挑战,分析水务海洋信息化工作中存在的矛盾和问题。

调研工作按局内外、系统内外、市内外分类开展,从基础设施、数据资源、应用系统、保障环境等方面,摸清现状、细化需求。为深入了解水务海洋行业信息化发展现状,本书编写组通过问卷调查、专题调研和会议座谈等多种形式,面向 11 个局属单位和上海市 17 个区县,开展调研工作。全面回顾、总结和评价各单位信息化发展现状、积累的经验和存在问题。

问卷调查分为两类,《信息化现状调查表》主要面向信息化技术部门相关人员,了解信息化基础情况;《信息化应用现状调研问卷》主要面向水务海洋业务管理人员,了解水务海洋业务信息化的实践情况。《信息化现状调查表》调查内容覆盖信息化管理基本情况、基础设施、数据使用情况、应用系统及集成情况四个方面,共六张调查表(详见附录 1)。《信息化应用现状调研问卷》主要覆盖对信息系统建设的理解和认识、对信息系统现状的了解程度、对信息化部门服务支撑的评价等方面(详见附录 2)。

2.1.3 上海市水务海洋业务现状分析

大力推动公共服务与发展业务政务是落实科学发展观、建设人民满意的服务型政府、保障经济社会平稳运行的必然要求。水务海洋业务政务工作的整体性、系统性强,可以结合信息技术在促进信息流动、资源共享上和智能化决策的优势,以进一步提高公共服务信息化水平为突破口,不断发展业务管理、政务管理信息化,进一步完善水务海洋业务信息化应用体系,以适应水务海洋事业发展的需求。根据上海市水务海洋局职能和业务实际需求,将水务海洋管理业务从宏观上划分为公共服务、业务管理、政务管理三大类,具体架构如图 2-1 所示。

公共服务体系的信息化是以提高服务公众能力为目标,覆盖信息公开、网上办事、政民互动、便民服务四个方面工作的相关环节。

业务管理体系的信息化是以加强自身建设、提高履职能力为目标,覆盖防汛与供水安全、最严格水资源管理、水环境综合整治、农村水利建设、海洋综合

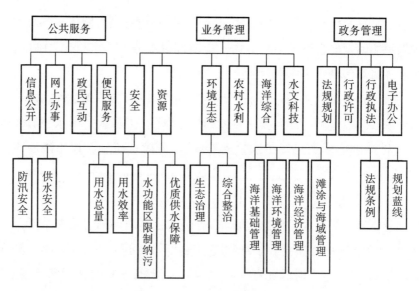

图 2-1　应用集成体系架构图

管理、水文科技支撑六个方面业务工作,重点提升业务协同能力和决策支撑能力。

行政管理体系的信息化是以加强依法行政与规划编制应用水平为目标,覆盖法规应用与执法、行政许可、规划蓝线、电子办公等方面业务工作。通过日常流程的数字化,进一步推动流程优化与业务协同。

2.1.4　上海市水务海洋信息化发展现状

1. 基本建成横向到边、纵向到底、互联互通的信息网络

建成 54 个节点、2M 带宽、覆盖市区两级的防汛专网,并逐步接入市政务外网,实现了水务海洋局与国家水利部、国家海洋局、市各委办局、局属各单位和各区(县)水务局的互联互通,多数区(县)水务基层管理单位依托市政务外网也实现了互联互通。建成由水务大厦机房和局属单位自有机房共同组成的基础设施体系,保障了各项应用系统的正常运行;建设了"水务 IT 服务管理平台"(见图 2-2),实现了对上海市水务海洋局网络和水务大厦信息化基础设施运行状态的实时监管。

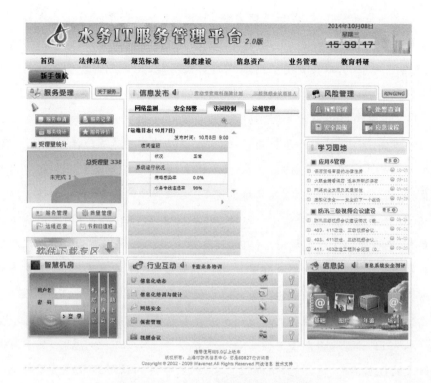

图 2-2　水务 IT 服务管理平台示意图

案例 1　水务 IT 服务管理平台

水务 IT 管理平台以"任务、问题、结果"为导向,通过对信息化基础环境构成、承载业务、运行规律,以及与之相关的技术要素、管理需求、风险识别等全方位、多角度的研究,面向不同用户和对象建立了集信息监控、规范作业、运维管理、服务受理、信息发布、交流互动等功能为一体的综合性 IT 运维管理系统,实现了 IT 运维绩效从后台走向前台,从传统管理提升为信息化管理。

在平台的研究、设计和开发中,始终遵循模块化,可扩展、易维护的技术路线,在实现各种应用功能的同时突出舒适度和便捷性。以可视化方式为所有与 IT 环境关联的不同对象提供多视角、大纵深浏览 IT 运维中技术与管理活动全景的便利。其主要功能包括:

(1) 全景浏览和实时监控。在平台首页面提供重点反映各类运维对象状态、网络安全态势、一线服务等信息的全景平台,以前台方式实时查阅 IT 环境的各种静态与动态信息,成为了解当前 IT 设施、设备和系统对业务支持的适用性和保障度的窗口。用 IT 治理 IT,利用专业监控软件具备的网络、网络安全、重要应用系统,以及重要应用环境的监控功能,生成应用和管理所需的各种实时、统计和告警信息,将软件的专业化功能向服务和应用方向拓展。

(2)运维操作和统计管理。引入 ISO 20000、ISO 27001、ISO 27002 等质量控制方法,将 IT 运维中承接岗位任务、记载岗位绩效等一线活动纳入平台,依托流程设计实现"制度落地"。基于平台对 IT 运维中各类数据和信息进行汇集、统计,实现从人、技术、过程角度对 IT 运维保障的综合性、全方位管理。

(3)服务受理和互动交流。以信息化思维构建平台跨部门、跨层级的服务整合,通过服务受理窗口,为所有的网络用户提供一体化、一站式服务,使服务对象感受到良好的 IT 服务体验。通过信息发布、交流互动、新手领航等功能板块,着力在与运维相关的服务、培训、教育等方面注入信息化元素,赋予信息化功能,使平台的管理和服务功能不仅具有宽度,还有良好的深度。

水务 IT 管理平台以上海市水务核心机房 IT 基础环境为基础,对基础环境涉及的技术门类、运行规律、管理要求,以及相关的保障环节开展了较为全面的分类、整理和评估,对各种业务活动从技术和行为两个方面进行了梳理和规划。在此基础上,依托工具化平台建设,对相关控制要素进行了流程化设计,形成了一条统一、透明、规范的业务运行轨道。所有纳入管控流程的业务活动都能基于平台完成信息汇聚、信息处理和数据保存,为实现计划、任务、流程、规范、台账、绩效的信息化管理奠定了基础。统一的技术与信息管理,便捷的工具化应用功能,尤其是平台提供的自动化监测预警和可视化态势监管功能,使平台的应用和管理更贴近实际需要。

水务 IT 管理平台在各种信息化监测工具的支撑下,基本实现了对 IT 设施设备的自动检测、智能分析、越线预警的运维管理,同时实现了对与此相关的各种业务活动的科学组织、实时评价和绩效统计。平台建设不仅大大降低了基础性的人力需求,而且一旦发生应急状况,也能以最有效的组织预案加以快速处置。

在当今普遍采用 IT 服务外包背景下,平台为外包的服务管理提供了程序化、标识一致的合作框架。实践证明,依托平台承载标准规范,是从根本上改变传统外包服务中普遍存在的个体化自由作业为主、质量管控差、风险识别难等弊端的有效手段,平台为提升外包服务的规范性、可信性和整体服务质量提供了重要支撑。

2. 基本建成内容全面、更新及时、管理有效的数据平台

围绕供水安全、防汛安全、水资源开发利用和水环境保护,通过实时监测、普查调查、设施巡查等多种手段,陆续开展了堤防海塘网格化巡查、水闸泵站自动监测、水情遥测、道路积水自动监测、水利普查、海洋调查等一批信息采集系统建设,积累了大量的水务海洋基础数据;围绕跨行业和跨部门信息交换共享,通过建立统一的数据交换和监控平台(见图 2-3),汇聚整合了流域及本市测绘、气象、市政、公安、交通、海事、港口、环保等部门的相关信息。在信息采集和数据共享的基础上,基本建成了一个覆盖基础设施、实时监测、日常管理等各类信息的数据中心(包括局核心数据库及各行业基础数据库),积累的各类结构化数据总量超过 5 TB,夯实了行业管理基础。

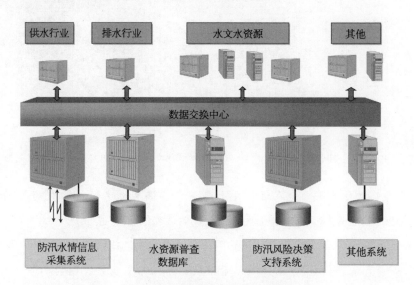

图 2-3 数据交换和监控平台

3. 基本建成保障安全、服务发展、提升管理的多项应用

基于水务公共信息平台(见图 2-4),实现了防汛、水资源、水环境管理、电子政务等应用集成,基本建成防汛应急指挥系统、水资源监控管理系统、供水

调度信息系统、排水监测中心等,为保障城市公共安全、服务城市发展提供了有效手段。通过网站、热线、微博、微信和移动应用,实现了供水水量水质、防汛、水资源等信息发布,为水务海洋部门与社会公众搭建了有效的交流平台,不断提升了公共服务能力;通过建设行政许可网上办事、政府信息公开系统,实现了行政许可"外网受理、内网流转、协同办公、电子监察"和政府信息及时公开,有效提升了政务管理水平。

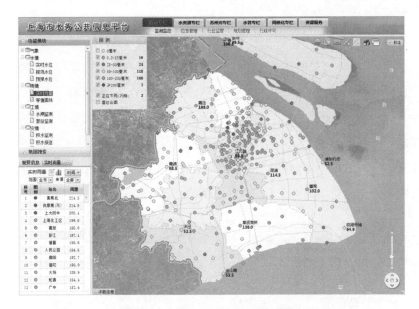

图 2-4　水务公共信息平台示意图

案例 2　水务公共信息平台

水务公共信息平台是在近几年上海市水务信息化建设成果基础上,依托水利部"948"项目"基于网络地理信息系统的多级防汛信息管理系统"、"'一张图'多级多源水务公共信息平台"和"'数字水务'一期工程"、"上海市防汛'一网四库'应急管理系统"、"上海市水资源实时监控与管理系统(试点)"等 10 多个项目,综合应用多种信息技术,整合多源异构数据资源,开发的全方位、多层次的水务综合管理服务和决策支持的信息平台。

该平台综合应用了 Server GIS、计算资源虚拟化、消息队列数据交换、分布式海量数据检索、数据库、应用负载均衡等技术。通过研究平台总体框架、数据标准规范、数据资源整合、在线资源服务、应用系统集成等关键技术,建设基于"一张图"的上海市水务公共信息平台,可以缓解当前水务业务管理中普遍存在的问题。这些问题包括:水务管理缺乏综合信息平台支撑;信息系统重复建设,资源难以整合共享;水务信息的不同步不匹配。建设水务公共信息平台的主要内容包括:

(1) 主要对平台的理念内涵、总体架构、数据架构和应用架构等方面进行研究,使水务信息化的各个组成部分互相连通,形成一个有机整体,达到资源最优配置,有效支撑不同领域、不同层次的应用。

(2) 对水务综合管理信息平台的标准规范体系进行研究,在此基础上,重点对信息分类与编码标准、数据属性定义、图式符号标准、元数据标准、实体要素编码、建设维护规程等进行研究。

(3) 对结构化数据和非结构化数据的存储、交换、检索等关键技术进行研究。集空间数据和属性数据、静态数据和动态数据、信息实体和资源目录于一体,对数据进行有效的交换、共享、存储和管理。

(4) 研究在线资源服务技术,提供统一数据接口和交换总线,采用 Rest API、Web Service 等技术建立通用的服务接口,为相关部门提供在线地图服务、数据服务和应用服务。

(5) 基于最新 Server GIS 等技术,对平台中的应用集成进行研究,实现基于一个平台、一张地图的水务信息应用集成、多级多层水务信息共享。

通过结合城乡水务一体化管理的需求,应用地理信息系统技术构建了基于一张图、一个门户的水务公共信息平台,对其中的数据标准规范、数据资源整合、地图应用集成等关键技术进行了研究。其架构设计合理,与水务一体化管理业务结合紧密,很好地解决了水务管理中跨部门、跨系统、跨层级的信息共享和业务协同的问题,研究成果具有较高的先进性和较强的实用性。创造性地提出了基于一体化管理业务流程的水务数据体系,和基于规范的数据资源服务方式,对数据共享应用进行了实现,充分发挥了数据中心的枢纽作用,极大地提高了数据的应用价值。

该平台在历年防汛工作中,为保障城市平稳正常运转和人民群众生命财产安全发挥了较好的辅助决策服务和技术支撑作用。该平台基于统一的框架,在推进水务信息系统集约化建设、水务管理资源整合,以及水务信息共享等方面做了大胆探索。研究成果在上海市得到广泛应用,对全国地理信息领域及水利(水务)行业具有较强的推广和示范意义。其设计思想、总体架构和关键技术可以推广应用于流域或省市的防汛保安、水资源管理、水环境整治等领域,具有较好的推广应用价值。其研究理念和实施措施对其他行业和省市的信息化建设具有一定的借鉴意义。

4. 基本建成规划引领、规范统一、安全可靠的保障体系

注重规划引领,形成了综合规划、行业规划、区(县)规划、项目建设规划等统筹协调、滚动推进的信息化规划体系;注重标准规范,制定了水务信息分类、编码和图示符号等技术标准,为水务信息化的规划建设奠定了技术基础;注重信息安全,完成了局网络和计算机系统保密措施的落实、重要信息系统安全等级保护备案与测评、网络与信息安全事件专项应急预案演练、公务网接入网安全保障等工作,全力保证了防汛指挥、水资源调度管理、电子政务等系统的正常运行。

2.1.5 上海市水务海洋信息化现状评估

1. 主要成效

随着水务海洋业务应用不断拓展和深化,水务海洋信息资源不断丰富,基础设施不断完善,信息化对于转变政府职能、提高公共服务能力和行业基础管理水平的作用不断显现,取得了良好的成效,体现在以下方面:

(1) 信息化为保障城市公共安全,服务城市运行提供了有效手段。信息化服务于防汛应急管理,实现了汛情采集自动化、应急管理数字化、指挥会商可视化,防汛信息系统已经成为全市各级防汛部门开展日常工作和应急指挥的重要支撑;信息化服务于水资源管理和城市供水保障,实现了水资源开发利用全过程自动监测、全市供水一张网调度,为优化水资源配置、提高供水质量、保障安全供水、改善水环境发挥了积极作用,提高了上海整个城市的运行能力。

(2) 信息化为促进高效行政管理,提升社会公众服务提供了有力保障。通过网站、微博、热线等多渠道的方式,实现了便民信息服务和互动交流。行

政许可"外网受理、内网流转、协同办公、电子监察"和政府信息的及时公开,有效提高了政府工作的透明度,实现了行政办事的公开透明。

（3）信息化为规范行业基础管理,提高行业管理水平提供了重要支撑。通过实时监测、普查、设施巡查等多种手段,积累了较为完整的行业基础管理数据,积极推进行业信息资源的整合共享,夯实了行业管理基础,为行业的规范化和精细化管理提供了重要的基础支撑。

2. 绩效评估

为摸清现状,综合评估上海市水务海洋信息化工作的整体绩效情况,定位上海市水务海洋各单位信息化发展阶段,更好地指导未来信息化建设方向,笔者参考《中国电子政务绩效评估指引》设计了《水务海洋信息化绩效评估体系表》,指标评估体系包含两级指标。其中,一级指标覆盖了公共服务、行业业务、信息化支撑体系、信息化保障体系四个方面;每个一级指标下设二级指标若干,共 17 个,基本采用定性描述方式,较宏观、全面地体现水务海洋信息化工作的绩效情况,具体指标及绩效评估结果详见表 2-1。

表 2-1　水务海洋信息化绩效评估体系表

一级指标	二级指标	评估等级标准	局综合评估
公共服务	网上电子政务服务阶段	A. 在线事务处理 B. 信息双向互动 C. 信息单向发布 D. 电子文件传送	B~C
	公众体验	A. 泛在个性化 B. 信息与服务关联 C. 便捷易用 D. 美观直观	C
	服务响应度	A. 智能服务 B. 实时服务 C. 动态服务 D. 静态服务	B~C
	服务方式	A. 移动互联 B. 网站服务 C. 语音服务 D. 自助服务系统 E. 多媒体展示系统	B

（续表）

一级指标	二级指标	评估等级标准	局综合评估
行业业务	办公事务	A. 全局流转 B. 单位内部网上流转 C. 双轨制,覆盖部分业务 D. 尚未网上流转	C~D
	业务数字化阶段	A. 决策数字化 B. 过程数字化 C. 对象数字化 D. 尚未数字化	B~C
	业务覆盖与应用	A. 覆盖主要业务且使用率高 B. 覆盖部分业务且使用率中等 C. 覆盖部分业务但使用率不高 D. 尚未覆盖业务应用	B~C
	业务共享与协同	A. 业务协同高效 B. 实时信息共享 C. 信息定期/不定期交换 D. 信息孤立封闭	B~C
	辅助决策	A. 智能模拟 B. 数字模拟 C. 条件模拟/规则数字化 D. 信息服务,人工经验	C~D
信息化支撑体系	网络与基础设施	A. 网络与基础设施云服务 B. 托管网络与基础设施服务,集约化建设管理 C. 自建网络与基础设施符合标准,运维良好 D. 自建网络与基础设施不达标,运维困难	C~D
	数据规范与整合	A. 数据标准规范,且云服务 B. 数据标准规范,且集中管理 C. 数据缺乏规范,但集中管理 D. 数据缺乏规范,数据库分散	C~D
	数据分析处理	A. 大数据 B. 数据挖掘与分析评价 C. 数据整编与处理 D. 数据直接应用	C~D

（续表）

一级指标	二级指标	评估等级标准	局综合评估
信息化支撑体系	应用支撑平台	A. 云平台架构和支撑 B. 公共信息平台 C. 分散的独立平台 D. 缺乏平台支撑	B
	应用系统研发技术	A. 选用适用的创新技术 B. 采用适用的成熟技术 C. 采用适用的落后技术 D. 采用不适用的落后技术	B
信息化保障体系	信息系统安全整体达标情况	A. 达到三级等级保护要求 B. 达到二级等级保护要求 C. 达到一级等级保护要求 D. 系统未定级或不达要求	B
	标准规范	A. 标准体系完善 B. 服务接口标准/行业数据标准(元数据/标准数据维护管理规范/信息采集标准/系统运行维护规范) C. 项目系统标准 D. 无标准规范	B~C
	体制机制	A. 协调核心业务决策 B. 统筹内部业务支撑 C. 规范信息技术管理 D. 缺乏专门组织管理	B~C

　　水务海洋信息化各单位（部门）的公共服务主要通过网站服务，从单向发布向双向互动拓展，服务较为便捷且基本实现各类信息的动态、实时服务。行业业务的信息化实现程度处于对象数字化向过程数字化的过渡阶段，办公事务尚未全部实现网上流转，主要通过双轨制，覆盖部分业务，覆盖的部分业务使用率不高，实现实时信息共享的协同业务较少，主要通过定期/不定期的方式交换共享，辅助决策程度不高，目前主要依靠人工经验，较好的单位实现了条件模拟/规则数字化。在信息化支撑方面，多数单位的网络与基础设施符合标准，运维良好，只有少数单位的基础比较薄弱，运维困难，数据均缺乏规范，数据库整体较为分散，只有少数单位建立了集中管理制度，数据主要为直接应用，少数单位实现数据整编和处理，全局使用统一的公共信息平台，应用系统

均能采用使用的成熟的技术。全局信息化达到二级等级保护,各单位信息化保障体系的标准规范建设主要集中于建立了项目系统标准,少数单位还开展了专项标准规范建设。

3. 困难和挑战

水务海洋信息化建设取得了明显进展,但对照新时期水务海洋发展的需求和信息技术的快速发展,水务海洋信息化仍存在以下主要不足:

(1) 信息采集不够完善,智能感知有待提高。

目前上海市已经实施了大量的水情、雨情、工情、灾情、水资源开发、生产管理、项目建设等方面信息(自然、生产、社会)的自动监测,但信息采集还不能完全支撑水务海洋精细化管理的要求,监测站点布局、布设密度,以及数据采集的及时性、规范性、可靠性等方面有待进一步优化,水环境和海洋的监测能力尚显不足。

(2) 系统建设不够集约,信息资源有待整合。

信息化建设的主体较多,在项目建设中协调配合力度不足,信息化建设集约化程度不高,不同程度地造成基础设施重复投资、信息割据和资源浪费。信息资源分散,各业务系统之间的接口繁杂,存在信息孤岛。缺乏信息资源的统一管理机制,信息化建设与业务管理服务的融合度不足。

(3) 业务应用不够协同,辅助决策有待提升。

目前基本完成管理要素的数字化,个别业务在流程数字化上已开展有益尝试,但是大多数业务信息化应用仍停留在信息发布阶段,各类信息在实际工作中未能规范流转和充分应用,跨部门的业务应用协同不够。信息资源开发利用程度不高,缺乏对数据的有效分析和加工,业务决策支撑能力不够强,难以满足水务海洋事业发展需求。

(4) 标准体系不够完善,安全管理有待加强。

虽然水务信息管理标准规范有一定基础,但标准体系的建设仍显滞后。随着信息技术的不断发展、信息化与业务工作的不断融合,现有标准规范未能同步协调推进,已无法充分指导信息化建设和管理。同时,标准规范的执行力度有待加强。水务海洋合署办公后,依据国家海洋局和上海市政府的相关规定,信息安全保障面临更高要求,目前各级单位对信息安全的重视程度、管理措施与维护力量均与新要求存在一定差距。

2.2　需求分析

当前,以物联网、大数据、云计算、平台化和移动互联网为代表的新兴信息技术快速发展,深刻影响着经济社会的发展,信息资源日益成为重要的生产要素、无形资产和社会财富,知识经济正在成为经济社会发展的新形态。政府信息化发展环境随之发生深刻变化,新技术与业务应用将更深度地融合,信息化在提高行政效率、改善政府效能、扩大民主参与和支撑业务发展等方面的作用日益显著。

2.2.1　水务海洋信息化总体需求

政府服务管理的现代化需要信息化。按照建设"责任政府、服务政府、法治政府、廉洁政府"的总体要求,围绕经济调节、市场监管、社会管理和公共服务的基本职能,加快提高水务海洋管理的现代化水平是水务海洋政府部门进一步转变职能、科学履行职能的基本要求。信息化是提升现代化管理水平的重要手段,是提升履职能力的重要途径,是建设服务型政府的战略举措。政府服务管理的现代化需要通过加强信息资源共享和利用,以提升工作效率;需要通过加大智慧应用和智能决策的建设,以提升科学决策能力;需要通过电子政务的深入应用,以提升行政管理效能;需要通过更加便捷高效的现代化服务方式,以提升公共服务水平。

水务海洋发展以理念创新为先导,确立了治水管海统筹发展和"水资源、水安全、水环境"协调发展的思路。快速城市化和人口大量集聚给资源环境带来新的压力,全球气候变化导致城市防汛面临新的风险,社会转型期和新媒体时代的水务海洋管理需要应对新的考验。面对种种挑战,水务海洋事业发展越来越需要与信息化深度融合,实现水务海洋信息化带动水务海洋现代化。随着水务海洋业务发展和信息技术的进步,水务海洋信息化进入了一个新的发展阶段,成为实现水务海洋可持续发展的重要支撑,其主要表现在以下几个方面:

1. 保障城市供水与防汛安全的需求

供水保障与防汛安全作为城市公共安全的重要方面,需要充分利用信息化新技术,实现智能感知、精细化预报、预警联动和智能处置,以提高快速反应与高效应对能力。

(1)需要不断丰富监测指标、提高监测密度、提升监测设备性能,提高自动化感知水平,确保水源地安全、饮用水安全和防汛安全。

(2)加强与环保、交通、市容环卫、公安等部门的信息共享,实现跨部门的业务协同。

(3)加强实时模型深入应用、案例比对分析和方案预演,实现科学可靠的指挥决策。

(4)通过电话、短信、移动终端、视频协商等手段,实现高效调度。

2. 优化水资源配置和加强水生态环境治理的需求

根据《中共中央国务院关于加快水利改革发展的决定》,实施以用水总量、用水效率和水功能区限制纳污三条控制红线为核心的最严格水资源管理,是加快转变经济发展方式的战略举措。优化上海市水资源配置和加强水生态环境治理,必须突出水量、水质并重,资源、环境并重。

(1)需要对水源地、取水、用水、水功能区和排污等方面开展实时监测。

(2)需要加强与长江流域、太湖流域相关省市及上海市的规土、统计、环保等部门的信息互通。

(3)需要建立以三条红线为核心的水资源管理系统,提高业务协同性,加强统计分析与预测预警,提高水资源管理和水环境保护辅助决策的科学性。

3. 支撑海洋事业可持续发展的需求

到2020年,上海市海洋发展的总体目标是在海洋综合实力显著提高,海洋生态环境持续改善,海洋科技创新机制不断成熟,在海洋公共服务水平较快提升的基础上,努力建设海洋经济发达、海洋生态环境友好的海洋强市,为上海建设"四个中心"、国家建设"海洋强国"做出应有贡献。围绕这一目标,必须通过信息化手段,统筹各类海洋观测,建设协调一致的海洋观测网络,加强海洋信息的采集、处理、管理和服务,从而提高对海洋空间资源、自然资源、产业布局、生态环境的管理能力,提高对各类海洋灾害的早期预警和预测能力,提高应对海洋自然灾害的处置能力,为"规划用海、集约用海、生态用海、科技用海、依法用海"的总体要求提供支撑和保障。

2.2.2　日常业务信息化需求

按照依法行政、建设服务型政府的总目标,从促进水务各行业的一体化、水务海洋的一体化两个层面,梳理信息基础设施、数据信息利用、信息系统应用、信息安全与保障四方面的需求。

1. 信息基础设施方面

水务海洋行业的公益性必然导致对政府监管工作及防汛应急能力的要求会越来越高。同时,随着物联网技术的不断发展,在线监测设备在提升行业监管能力、预测预报能力方面的作用将越来越重要,因此对于监测项目不断丰富、监测点位不断加密的需求将越来越迫切。

在网络技术发展日新月异,网络不断融合的趋势下,水务海洋行业网络纵向上需要覆盖至基层管理单位,横向上需要与相关委办局相通,来自各业务条线的网络需要通过融合,实现互联互通。

随着水务海洋结构化数据量与非结构化数据量的不断增长,对数据存储和数据运算的要求也将越来越高,特别是数据挖掘和模型运算,这就需要建立满足不同应用需求的运算平台,提供高效的信息共享和处理能力、快速灵活的资源分配和响应能力,以实现各类信息基础资源(包括与系统有关的模型资源、计算资源、存储资源、网络资源、数据资源)安全地按需共享与重用。

在信息资源对于一个行业的重要性越来越高的趋势下,信息的存放空间,即对机房环境的要求将越来越规范与严格。

2. 数据信息利用方面

在水务海洋系统内部信息共享需求方面,在水务海洋一体化趋势下,水务各行业间、水务与海洋行业间对数据共享的要求将越来越高。

在跨行业信息共享需求方面,水作为社会运行的基本要素,与大多数行业存在联系,水务海洋对气象、海事、交通、环保、市政等部门均有一定的资源共享需求,水务海洋行业的发展离不开与其他行业的高效互动,其中数据层面的互动将成为一种重要方式。

在结构化数据、非结构化数据量越来越庞大的趋势下,数据量巨大,数据类型繁多,对数据分析的需求越来越高。大数据分析在去繁就简、去伪存真、辅助决策等方面的作用将越来越突显,需要合理利用大数据技术对数据进行正确、准确的分析,从各种各样类型的数据中快速获得有价值信息。

伴随数据交互与利用水平的不断提高,形成水务海洋行业统一的数据标准的需求也将更为迫切。

3. 信息系统应用方面

在政府职能转变、建造服务型政府的趋势下,公共服务能力的进一步提高将成为服务型政府的内在需求。提升公共服务能力,需要充分应用移动互联等新技术,创新服务理念,提升服务方式,加快政府信息资源向社会的有效开放。

信息社会中,行业内外应用系统之间的关联与交互,已成为提高业务协同能力与信息公开水平的必经之路,成为提高政府服务社会水平的必然选择。提升行业管理水平,需要加大新技术、新理念的运用,从优化管理流程、推进跨部门应用协同等方面不断提升水务海洋日常监管和决策智能水平。加强应用系统建设,加快推进系统业务化应用,是保障水安全、水资源、水环境和海洋综合管理走向"服务型、智慧型"的必要支撑。

同时,现有各类应用系统已经在水务海洋管理中发挥了重要作用,然而存在一定的重复建设,系统集约化程度不高,系统效益未能充分发挥,需要对各类系统进行深度整合,建立统一架构、上下互动、左右协同的应用系统体系,实现资源集约、数据共享和应用协同。

4. 信息安全与保障方面

水务海洋信息系统管理的是城市生命线的大量基础设施,还有远程控制、智能控制的应用,所以信息系统自身的安全性对于城市运行安全至关重要;同时随着海洋应用信息的深入应用与整合,需要更加重视信息安全措施的建设工作。

水务海洋工作系统性强,随着云技术的深入应用,水利、供水、排水和海洋等行业之间信息系统的应用协同与数据交换需求将更加迫切和频繁,对交互信息可靠性与完整性的要求将越来越高,因此需要更加完善的标准规范体系,从系统建设、接口标准、基础设施资源整合等方面进行全面的规范统一。

信息系统与日常工作的结合程度将越来越紧密,结合面也将越来越宽,信息系统一旦出现问题,将直接影响日常工作,因此需要包含技术支持、数据灾备与恢复等方面完备的后勤保障体系,以满足快速响应的需求。这一点特别体现在供水安全与防汛应急两方面的信息保障工作中。

2.2.3　应急业务信息化需求

以保障国民经济社会平稳运行、保护居民生命财产安全为主要目标,以监测预警、分析决策、调度指挥三个环节的信息化支撑为核心,从“水多”与“水脏”两个方面,开展应急业务的信息化需求分析。“水多”的危害主要指台风、暴雨、大潮和洪水引起的灾害。“水脏”的危害主要指由于污染物集中排放、咸水倒灌所引起的局部区域水环境质量、水源地、应急取水口水质急剧恶化的情况。

1. 监测预警

监测预警能力扩展重点是加强与流域的协调沟通,及时获悉长江流域、太湖流域的气象、暴雨、洪水风险等相关信息,提高监测与预警水平。

加强水质监测及预警,重点针对入河湖排污口、咸潮和船只突发泄漏事件,重点关注水源地与应急取水口。加强与流域上游省份的沟通交流,分析明确可能对水质造成危害的重点风险源,及时通报预警。

2. 分析决策

在水务海洋两大行业相关监测数据的基础上,加强数据挖掘与模型分析,通过深入研究,形成稳定可靠、实用高效、相互关联的数学模型、水资源调度模型和供排水系统模型等各种模型,用于防汛应急决策分析、应急预案制定与演练,用于供水安全决策分析、应急取水和一网调度预案的制定与演练,用于航船危险品泄漏等突发事件处理。

3. 调度指挥

以应急预案为基础,结合监测预警和模型分析,加强统一调度指挥,确保调度指挥信息畅通。

第 **3** 章
水务海洋信息化总体架构设计

水务海洋信息化工作是涉及多种业务的复杂系统工程,制定水务海洋信息化总体架构设计是统揽全局,尽可能地在较高层次上寻求问题的解决方法,既考虑到资源分配的均衡,又为未来的发展设计科学合理的布局。

3.1 总体架构

结合新一代信息技术发展趋势,按照国家水利部、国家海洋局、上海市相关技术要求和标准,构造以信息共享、业务协同和智能应用为核心的"智慧水网",形成"四个一"的框架:一张智能感知网、一个"水之云"服务平台、一套应用集成体系、一组信息安全和标准规范保障。水务海洋信息化总体架构如图 3-1 所示。

智能感知网包括对水安全、水资源、水环境(生态)、海洋等内容的智能感知与监测。"水之云"服务平台由应用云、数据云、基础设施云、资源管理四个部分共同组成,为应用集成提供应用开发与运行的技术支撑。应用集成体系由公共服务、政务管理和业务管理三大服务组成,其重心逐渐由单一的业务政务向业务政务与公共服务并重过渡。信息安全和标准规范贯穿其中,为信息化的发展提供保障。

智慧城市建设框架包括主体和任务两个部分。其中,主体部分由政府、企

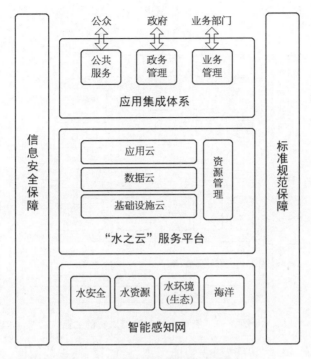

图 3 - 1　水务海洋信息化总体架构

业、社会共同组成,三大主体既是智慧城市建设的实施者,也是智慧城市成果的受益者,三者有机互动形成智慧城市建设合力。任务部分以智慧应用为核心,以信息基础设施为承载,以信息产业发展为支撑,以信息安全为保障,构成智慧城市建设的四大体系。智慧水网和智慧城市关系如图 3 - 2 所示。

　　智慧水网是建设智慧城市的有机组成部分。其中,水务海洋信息化基础设施既依托市级信息基础设施,同时又结合自身业务需求,对市级信息基础设施进行补充和完善;水务海洋信息资源库和市级其他专项基础信息资源库互补共享,共同支撑市级各类智慧应用;水务海洋的智慧应用既能支撑自身业务,又能与市级其他的智慧应用实现协同。

3.2　功能架构

　　按照"统一标准、统一设计、集约建设、分层应用"的原则,整合衔接水务海

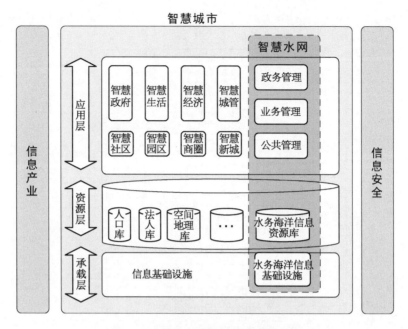

图 3-2　智慧水网和智慧城市的关系

洋的信息资源,构建"智能感知、智能模拟、智能预警、智能调度、智能服务"五位一体的功能架构。按照"实时监测—动态评价—分析研判—及时预警、智能调度—决策支持与服务"的技术主线实现水安全、水资源、水环境(生态)与海洋综合业务的协同化与智能化。水务海洋功能架构如图 3-3 所示。

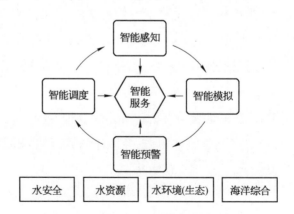

图 3-3　水务海洋功能架构图

　　智能感知:全面采集水资源监测数据及设施运行工况等数据信息;根据相关指标动态评价、精细监测对象。

智能模拟：通过数据分类、转换、规范，形成各类专业数据库，提供专业数据，实现数据预处理；开发模型接口、进行模型演算、实现成果输出并展示。

智能预警：根据智能感知的实时评价建立触发机制的实时预警；通过模型模拟等方式方法实现趋势预警；建立预案库，根据经验条件判断，发布预警并提供响应方案。

智能调度：根据模型演算的趋势预警，通过应急预案、运行规程等触发条件判断，形成用于指挥调度的参考方案；并根据智能感知跟踪调度状态，从而支撑优化演算。

智能服务：智能服务是通过智能感知、智能模拟、智能预警和智能调度提供全天候、多用户、多维度的信息产品及服务。

第4章

水务海洋智能感知网

水务海洋智能感知网（"水联网"），即将物联网技术应用于水务海洋监测的网络。通过各种传感设备，构建一个水务海洋智能感知网络，实时感知水务海洋各类要素状态，并通过有线或无线网络与水务海洋各管理部门进行数据交换。

4.1 架构设计

通过合理规划、建设和整合足够数量（密度）的监测网点，能满足水安全、水资源、水环境（生态）和海洋综合管理的信息监测站点，构建一个涵盖水利、供水、排水、海洋综合等业务，具有普遍连接、自动获取、高效传输、精确高效的立体智能感知网，由此实现信息智能化识别、定位、跟踪、监控、模拟、预测和管理。智能感知网架构如图4-1所示。

建立全方位的水务海洋智能感知网，形成现场监管场景的"虚拟再现"，实现对水务海洋管理要素的全面感知，提高信息采集安全性、实时性、准确性和有效性。其"智能"主要体现为以下几个方面：

1. 信息采集的全面立体

以水利、排水、供水、海洋综合为关联载体，实现对水安全信息、水资源信息、水环境（生态）信息和海洋综合信息的全面感知、关联与应用，形成完整的

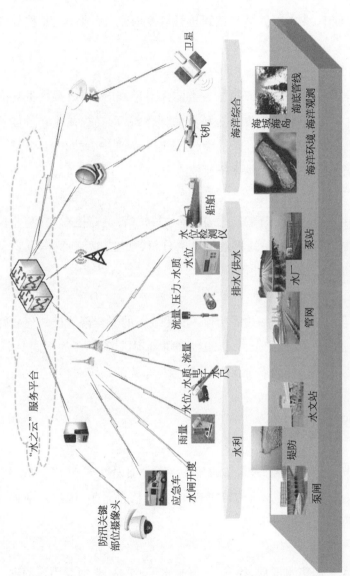

图 4 - 1 "水联网"架构图

水务海洋信息采集体系。

2. 信息采集的及时准确

定时采集的信息需要通过网络传输,由于其数量极其庞大,形成了海量信息,在传输过程中,为了保障数据的正确性和及时性,必须适应各种异构网络和协议。

3. 信息采集的智能路由

基于物联网技术,使各类"物"(各类监控对象)和监控终端具备智能自组网、智能路由的能力,能够根据周边环境的变化,自动寻找并建立最佳信号传输通道,保证采集数据能够及时、准确、有效地回传到中心站;并具备从一个采集站同时传输到多个中心站的多播通信能力。

4. 信息采集的智能管理

其本身也具有智能处理的能力,能够对"物"(各类监控对象)和监控终端实施智能控制,从采集获得的海量信息中分析、加工和处理得出有意义的数据,以适应不同用户的多样化需求。

5. 信息采集的安全可靠

统一管理数据感知网络边界接口,按照统一的安全部署模式建立智能感知网网络安全体系,实现安全可知、可控和可管理,针对业务的不同安全级别,为相应感知数据提供分级安全保护,保障数据采集的连续性和安全性。

4.2 建设任务

智能感知是信息的源头,工作的基础。通过加强供水、防汛、水资源、水环境(水生态)、海洋综合五方面的智能感知,完善信息采集,构建一张水务海洋的智能感知网,具体如下:

1. 加强供水智能感知

形成覆盖上海市水源地、原水厂、自来水厂、泵站、管网与用户的供水智能监控体系,重点加强对水源地、供水管网和二次供水设施的智能感知。

2. 加强防汛智能感知

完善对风、暴、潮、洪及河道水位的感知监测,全面掌握汛情变化,重点完成长江口、杭州湾和省市边界水文监测站网建设；完善千里海塘、千里江堤、区域除涝、城镇排水"四条防线"的实时监测，全面完成上海市重要水闸泵站的自动监测，以及重要圩区防汛设施的自动监测。

3. 加强水资源智能感知

按照实施最严格的水资源管理制度试点城市的要求，实现非农业取水户的全部计量和规模以上取、用水户的自动监测，逐步拓展监测范围。

4. 加强水环境(生态)智能感知

加强河道水环境监测，加快推进中小河道水质监测，重点完成上海市重要水功能区在线监测，试点探索水生态监测；加强对入河湖排污口和截污纳管的动态监控，重点完成中心城区防汛泵站放江水量水质监测，全部污水处理厂超越管排放的在线监测，接入环保部门重点监控的工业企业排放口实时监测信息；实施污泥处置统一监控，建设覆盖污泥出厂、运输、进厂处理和资源化利用等环节的污泥处置监控系统；加强典型区域和重点区域水土流失智能感知。

5. 加强海洋智能观测监测

在现有观测站网基础上，通过升级改造、填补空白、资源共享等手段，加强海洋风浪实时监控，完善防灾减灾沿海警戒线，充实上海海洋观测站网。加强陆源入海污染源和海洋潜在环境风险的监视监测。

4.3　基本要求

面对水务海洋精细化管理的要求，信息采集方面仍需要加强信息采集共享、加大监测站点布设、规范数据采集和传输，逐步形成规范、完整的信息采集支撑。

4.3.1　信息采集共享要求

为了尽可能资源复用、减少浪费，水务海洋信息化建设中应充分利用公共或其他行业的智能感知信息，如公安部门的道路视频监控信息、气象部门的气象监测信息等。该部分信息通过数据交换实现共享，不直接通过智能感知网进行数据传输。当公共感知终端不能满足业务要求时，增添新的感知终端进行补充。

4.3.2 监控终端建设要求

监控终端是智能感知网中连接水务海洋设施和传输网络的各类设备的总称,用以实现数据采集并向传输网络发送数据,其担负着数据采集、初步处理、加密传输等多种任务。各类监控终端的部署和应用是构成物联网不可或缺的基本条件,是智能感知网识别物体、采集信息的来源。

监控终端由各种传感器构成,既包括二维码标签、射频识别(radio frequency identification,RFID)标签和读写器、摄像头、红外线、全球定位系统(global positioning system,GPS)等通用感知终端,也包括雨量计、水位仪、流量仪、压力计、水质监测仪等专业传感器。通用监控终端主要需满足国际及国内与智能传感器相关的标准。对于水量、水质专业监测设备,除满足通用标准外,其基本技术要求还包括以下要求:

1. 设备选型要求

推荐使用小型监控设备,仪器结构应便于安装、调整、使用和维修,对于水下设备需具有较高的外壳防护能力,室外设备可采取适当的防人为破坏措施,设备应以自主电源为主。

2. 设备接口要求

监控设备接口应包括:增量计数(脉冲)型输入接口、开关量接口、并行接口、串行接口、模拟量接口、频率量。

3. 设备采集数据要求

根据不同业务需求,采集不同频率、不同精度的测量数据,数据格式应满足国家水利部、国家海洋局、上海市相关技术要求和标准。设备支持现场和远程查询数据,具有定时自报、查询—应答功能,本地存储推荐保存数据应不少于 10 000 个参数。

4. 设备自管理要求

支持现场和远程修改参数设置、掉电数据保护、定时定点休眠唤醒等功能,设备能和中心站数据交互,接收执行中心站的指令,包括时钟校准、自身健康诊断等,可支持多种通信方式,具有多信道自动切换功能。

通过合理规划,在水务海洋待监测站点布设一定密度的智能终端设备,实现远程实时采集和非实时采集,完成远程数据的存储和预处理,从而提供可靠的基础数据来源。

4.3.3　数据采集传输要求

水务海洋的数据采集按采集方式,可分为实时与非实时两类。实时数据采集主要指由自动化采集手段采集的,具有较好时效性的数据。水务数据由采集站点经智能感知网传输至行业单位或区县,再共享到数据支撑平台。海洋数据由采集站点经智能感知监测网直接传输至市水务(海洋)信息中心,由信息中心发布至相应的区县或行业单位。

非实时数据采集主要指由人工采集的数据。采集人员将手工采集的非实时数据录入相应业务系统,再共享到水务海洋的数据支撑平台。

数据传输是将采集到的信息,按约定的规则,将数据传输至数据支撑平台的过程。上海水务海洋的数据传输应从网络传输方式和数据传输规约两方面进行规范,要求如下:

1. 统一数据网络传输方式

原则上统一采用基于公网的有线或无线方式进行传输,对公网未覆盖的范围采用专网进行传输,形成固定、移动、有线、无线多层次的传输网络。

2. 统一数据传输规约

各局属单位按照市水务(海洋)信息中心制定的统一数据传输规约,对不同采集设备采集到的信息进行统一编码、统一字节长度、统一字段类型等工作,然后将采集信息传输至数据平台。

第5章
"水之云"服务平台

"水之云"服务平台,是基于云计算技术搭建的为水务海洋行业信息化提供服务的开放平台。

"水之云"服务平台是一个由基础设施云、数据云、应用云和资源管理组成的"三横一纵"的"大平台",如图5-1所示。

"水之云"服务平台为水务海洋应用系统建设提供包括基础设施、数据、开发工具、测试环境和通用开发组件等各类基于"云"的服务,并通过资源目录提供资源服务、实现资源管理。

5.1 应用云

应用云是"水之云"服务平台的重要组成部分,是为水务海洋行业应用系统的开发、集成、测试、发布,以及维护提供支持环境和服务的技术平台,要求水务海洋应用需求在未来的建设中满足统一标准,基于统一环境,完成数据集成,从而实现业务协同。

5.1.1 架构设计

应用云将提供标准的系统集成和运行环境(操作系统、中间件、数据库软件和专业解决方案等)、统一的通用应用组件(地图服务、数据服务、短信服务

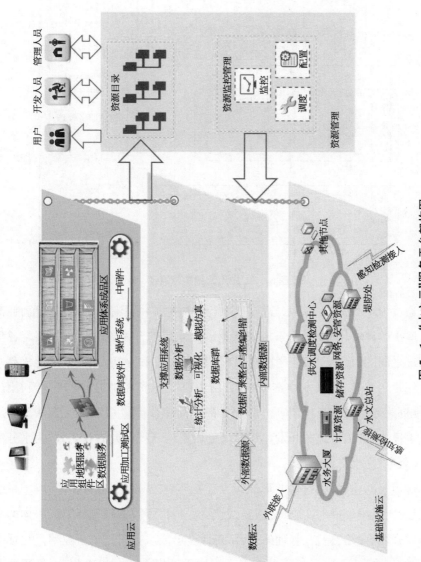

图 5-1 "水之云"服务平台架构图

等)、规范的应用集成加工和测试环境(功能监测、性能监测、标准测试环境等)、模块化应用体系成品区等服务。其架构如图5-2所示。

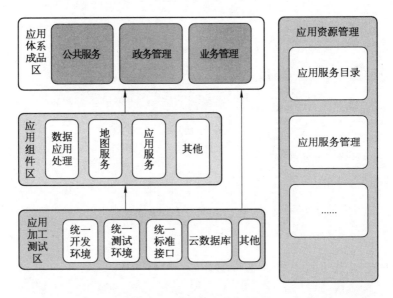

图5-2   应用云架构示意图

通过为水利、供水、排水、海洋四大行业应用提供具有统一结构规范、标准输入输出的模块化应用,便于相关行业应用系统的开发、功能复用,实现各信息系统之间的信息交互、应用协同、数据集成、共享和交换,最大限度地提高基础组件复用率,降低系统建造成本,充分发挥信息资源的共享和综合利用成果,推进业务融合及流程闭环。应用云的构建将改变应用系统原先从零开发的建设模式,应用系统的开发和集成可更加集约、规范、灵活和高效,为水务海洋"大服务"提供平台支撑。

应用云的建成,将打造并形成包含开发环境、开发工具、数据库设计、系统应用设计、系统集成与实施、应用测试、系统运营、资源管理等环节为一体的水务海洋开发、应用、运营、管理的平台,有助于形成水务海洋的行业信息化标准和长效运营模式。应用云面向应用系统建设可提供一个标准化、可复用的通用服务库,以及与之相应的中间件,这些服务包括但不限于数据服务、地图服务、应用服务等,可采用按需使用的组件式方式提供给应用系统;可支撑各业务部门所需应用的"应用体系成品区",提供用户申请和自助使用业务应用的入口。同时,应用云为所有水务海洋相关单位应用系统的开发、集成、测试,以及发布和维护提供统一标准的环境、接口和管理等服务。

5.1.2 主要内容

应用云内容主要包括:应用体系成品区、应用组件区、应用加工测试区和应用资源服务管理。

1. 应用体系成品区

应用体系成品区是根据水务海洋行业建设单位的需求所建设的,可维护、可扩展的应用集合。应用体系成品区的建设要求包括但不限于应用分类体系、应用服务模式、应用开发和集成规范、应用权限和安全管理等方面。

1) 应用分类体系

主要用来帮助用户快速获取所需的资源。应用分类体系主要基于行业标准或关键字,进行静态分类或动态分类,一个业务系统可以被多个分类交叉。例如,根据应用集成体系维度可分为公共服务、政务管理、业务管理等方面;根据政府职能可分为法规规划、行政许可、综合监管、行政执法及应急处置等方面;根据业务条线可分为水利、供水、排水和海洋四个条线。

应用分类体系不仅可以静态分类,也可以根据用户使用的情况进行动态分类,如应用的使用频度、时间性等特征,以及由此引申出来的应用喜好排名、应用关联排名等。例如,执法信息经常和审批信息一同被查阅,如果其中之一被采用,另一信息可以采用推荐、联想等方式提供给用户,使其能更快速、更全面地获取相关信息。

2) 应用服务模式

云计算框架下的应用服务模式被称为软件即服务(software as a service,SaaS),可以满足不同用户随时随地、按需使用,具有较高的灵活性,同时有效助推各业务条线的协同,大幅度减少业务应用软件的开发和运营成本。

可以通过平移、移植、升级、共享四个方面的改造工作,实现软件即服务。

(1) 平移:对于天然适合采用云方式的应用系统,如大量基于浏览器的应用系统,可通过少量的改造实现系统平移。平移基本不涉及软件的改造。

（2）移植：对于一些具备分布式架构的应用系统、满足数据和应用分离特性的系统，可通过一定的改造实现业务系统的移植。移植主要涉及服务端、数据的迁移，以及应用和数据接口的改造。

（3）升级：对于架构比较落后，难以适应云计算服务模式的业务系统，需要采用新的技术架构和方法对系统进行升级。升级涉及对系统的重新设计和开发，以及数据的整合和迁移。

（4）共享：对于一些单机版的第三方工具软件（如微软的 Office），或者支持多用户的大型软件（如 ArcGIS），可采用远程应用的方式部署，并采用多租户方式保存和隔离用户数据，实现资源的网络化共享。共享涉及服务的部署，用户数据的云存储服务和多租户服务。

3）应用开发和集成规范

所有纳入应用体系成品区的应用，其开发和集成所需要的中间件和环境都需要符合标准，其开发所用的工具、模型、框架，以及数据格式、数据来源都要依据统一规范。规范建设可分为三个阶段：

（1）收集各行业业务系统的现状需求，通过梳理形成标准，初步形成云应用开发和集成规范。

（2）聚焦在平台建设和行业业务系统、业务数据的整合，形成系统的面向行业的服务接口和集成规范。

（3）组织和形成自主可控的水务海洋行业应用开发和集成环境，根据规范采用软件开发工具包（software development kit，SDK）等形式向应用开发者开放。

4）应用权限和安全管理

应用体系成品区中所有上架软件均有一定的使用权限，采用基于角色的权限控制（role based access control，RBAC）模型，对"用户、角色、权限"进行组合定义，并通过资源隔离和其他安全技术，保证权限管理的有效实现。在此基础上，应用体系成品区安全管理要求软件通过机器测评和人工审核，保证软件本身的合规性，既利于规范各行业单位运用相互兼容、相互一致的软件架构进行应用开发，又可以保护用户安全。此外，与"水之云"服务平台的安全要求相一致，应用的安全管理也需要相应的鉴权认证、安全审计等功能。

2. 应用组件区

应用组件区是应用体系成品区建设的基础。广义上的应用组件区包含一系列标准化、可重用的中间件、接口、业务模块和服务组件，以及用来组合和配置这些内容的自动化工具。

应用组件区的核心，即狭义的应用组件区，是指提供满足相关业务应用的标准化、模块化、组件式的服务和工具集合。其内容包括数据服务、地图服务、应用服务等相关内容的基础服务，运用 Web Service、Rest API 等在线资源服务技术，形成通用规范的服务接口并作为工具提供给应用系统或开发者使用。

（1）数据服务：采用 Web Service 的在线资源服务模式，对数据服务的通信方式、数据协议、安全保护等方面进行规范，提供 JSON、XML 两种标准接口的数据服务。在市水务局（市海洋局）系统内实现同构系统、异构系统间的信息共享和数据交换。开发人员无须关注数据存储位置、数据库类型、数据结构及数据库接口开发，只需调用标准的数据接口便可获得相关数据。

（2）地图服务：采用基于 ArcGIS Server 的 Rest Service 在线地图服务模式，提供符合 WGS84、上海城建坐标系统要求的，具有规范比例尺级别的各类静态、动态的在线地图服务。开发人员在构建各自信息系统时，只需要调用相应的地图服务，便可以访问对应的地图数据。无需本地存储数据，有效减少开发和运维成本。

（3）应用服务：针对应用体系成品区中贯穿水利、供水、排水、海洋四大行业，涉及法律规划、行政许可、综合监管、行政执法和应急处置等不同业务的多维度应用需求，在统一应用加工测试区的支撑下，可提供若干个可供一源多用、功能复用、模块化的应用服务功能模块。这些功能模块可以多种组合、互相协同、综合展示，满足不同行业应用需求。应用服务既可在同一框架、同一平台和同一地图之上直接运行，也可便捷地嵌入到其他信息系统中运行。

（4）应用组件区的自动化配置：所有应用组件区中包含的组件、模块、中间件、接口和工具，在实际应用中应采用系统化的配置管理工具，这些工具可以支持大部分主流的中间件、数据接口、通信接口和协议、消息队列和应用容器，对其进行组合、配置、监控和调度。这种组合和配置采用基于 XML、JSON

等格式的可描述语言记录和保存,并通过可配置的脚本或任务引擎执行,所有的配置定义和配置过程均采用图形化界面呈现。

通过应用组件区的建设,可以提高基础组件的复用率,加强水务海洋相关单位应用系统之间的兼容性和可拓展性。

3. 应用加工测试区

统一应用加工测试区为水务海洋相关单位提供统一的开发环境、测试环境、标准接口和云数据库等功能,简化用户之间互相调用和共享数据的方法,提供满足专业应用的云数据库支持。

加工测试区包含应用开发所需的服务器(虚拟)、操作系统(或模拟器)、集成开发环境(IDE)、运行环境、存储空间、数据库和中间件,以及在此基础上的代码服务器、版本管理、测试工具。根据从应用管理智能化的要求,还包含测试数据的生成、采样、结果分析和展现等内容,体现生产和测试环境的一致性。

4. 应用资源管理

应用云的各类资源经过抽象和定义,形成一系列分门别类的服务,称为"服务目录"。用户通过服务目录获得具体资源,称为"服务实例"。应用资源管理系统即围绕服务目录及其服务实例,进行全生命周期的管理,包括以下几个方面:

(1)应用资源管理规范:需要确立统一标准,建立统一、规范的管理流程,包括服务目录的定义、生成、发布、更新、废止、申请流程,服务实例的开通、中断(暂停)、变更、续用、终止、归档等。

(2)应用资源监控:应用资源管理系统还需要监控应用组件区中一些组件、接口、中间件的使用情况和运行状态,监控和调度应用加工测试区的运行资源,并提供相应的计量功能。

(3)应用资源发布及反馈:应用资源管理提供用户入口,提供友好的、灵活的、多客户端支持的各类应用服务信息发布,支持用户使用体验的反馈及用户访问习惯分析,为后续应用的持续改进提供依据。

(4)应用资源访问权限管理及审计:应用资源管理中涉及的用户及访问权限覆盖整个"水之云"服务平台,通过门户实现单点登录,对用户访问和使用应用资源情况实行必要的审计记录。

（5）其他应用资源管理：资源目录字典管理、系统参数管理、接口管理、主数据管理及同步机制、系统维护与管理、数据恢复与备份、日志管理、技术支持与服务模块等。

5.1.3 建设任务

应用云的建设任务包括：在局层面逐步构建水务海洋应用云框架，提供统一的开发测试环境；依托各类应用系统建设项目，逐步建设和完善通用组件库；局属单位所有新建及改造系统都应遵循统一的标准接口及规范，并在统一平台上实现相关信息服务的注册管理；将现有系统逐步迁移至统一的应用云，逐步推进水务海洋业务的融合及应用升级。

应用云建设分为以下三个阶段：

1. 第一阶段：2015—2017 年

建立应用云示范，挑选试点应用"云"化迁移，研究相关标准规范，探索建立统一的云管理模式。

开发水务海洋应用云入口供各部门用户使用，完成应用云的原型建设，收集用户反馈并不断改进用户体验，引导和培养用户对应用云模式的认识和理解。从各局属单位挑选一批基础较好的业务系统和第三方软件，通过系统平移、移植或共享到云计算服务平台上来。在挑选首批应用云上线的过程中，由市水务（海洋）信息中心牵头，收集和整理这些业务系统的运行环境、对中间件的需求、接口设计等素材，作为应用开发和集成规范基础。

2. 第二阶段：2018—2020 年

新建和升级改造系统符合应用云规范建设、管理和应用，基本形成基于云服务的日常业务办公模式。

各局属单位所有业务系统的新建及升级，需遵循"水之云"服务平台应用云的标准和规范；基本完成云存储服务的实用化和普及工作，用户的业务数据存放在"水之云"服务平台，并实现与相之相应的数据隔离和安全保护工作；所有上线的业务系统均通过应用云入口进行申用或自助使用，在局层面（包括有条件的局属单位）基本形成基于云服务的日常业务办公模式。

3. 第三阶段：2021—2025 年

逐步将各局属单位的主要行业业务系统进行云化改造。在市水务（海洋）局、局属单位、区县各级部门形成"水之云"应用服务体系，云服务模式覆盖各层级、各部门的日常业务。整理应用云的接口标准和通用应用组件，形成"水之云"SDK 并向行业或社会开放。

5.2 数据云

数据是水务海洋业务的基础，应从数据采集源头入手，使数据在产生、使用、更新到消亡的生命过程中得到充分使用与管理，实现海量异构数据资源的有效整合，形成统一的数据共享机制，挖掘出满足新时代行政办公、行业监管、应急处置、决策支持等方面工作所需的数据，体现数据的价值。

数据云的建设要在"基础支撑数据，数据突出应用，应用重在服务"的指导原则下，满足水利、供水、排水、海洋四大行业应用体系成品区的数据支撑需求，构建统一规范的水务海洋数据云。

5.2.1 架构设计

数据云按照统一标准和统一管理体系，根据不同行业应用需求对数据进行分析、挖掘后，形成支撑面向政府决策支持和相关行业应用的决策支持数据，实现灵活、快速的数据重组服务。数据云架构如图 5-3 所示。

数据云架构采用分布与集中相结合的方式，将行业内与业务活动密切相关的结构化、非结构化数据进行汇聚、分类，逐步实现由分散存储向集中存储推进，同时制定统一的交换与服务标准和安全保障标准，形成一个数据平台，为各类应用提供坚实的基础。

在形成统一的数据平台的基础上，通过对基础数据的分析、挖掘获得各种加工数据，合理地构建各类数据仓库，为水利、供水、排水、海洋四大行业下的各类具体应用提供服务。

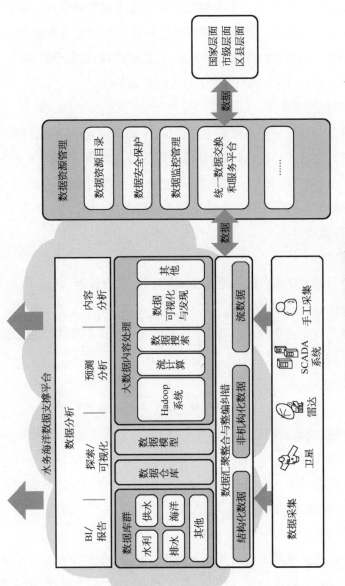

图 5 - 3 数据云架构示意图

5.2.2 主要内容

数据云由"1＋X"分布与集中相结合的数据库群及其管理工具组成,通过统一数据交换服务平台与外部数据交互。数据云主要包含数据整合治理、数学模型、数据库群、数据仓库及数据分类、大数据处理、数据分析应用和数据资源管理等内容,为应用集成平台提供坚实的数据基础。

1. 数据整合与治理

数据整合与治理主要对来自不同单位、不同来源、不同系统和模型产生的各类数据进行整合和标准化,提出规范的数据分类。同时,通过对数据库群数据的分析,发现数据定义不一致及"脏"数据;进行自动数据剖析、数据检验规则管理、数据质量分析、错误数据源应用程序的跟踪,剔除错误数据,修正问题数据,确保数据质量。

2. 数学模型

数学模型的运算平台采用集中方式进行建设与管理,对基于运算平台的数学模型资源进行调配和管理。数学模型可按水循环描述类、水工程描述类、水管理描述类和水科学技术描述类划分,相关模型由各相关单位根据业务需求进行开发,并基于数学模型运算平台进行计算。

3. 数据库群

按照"一个单位一个库"的设计理念,在各行业单位完成本单位数据库整合及归并,通过逻辑或物理整合的方式,形成一个满足本行业管理、业务运行所需要的数据库群。

数据库群遵循统一数据平台的统一管理,数据库群中的数据由各行业单位负责维护,按照"谁添加、谁管理、谁负责"的方式进行管理。

4. 数据仓库及数据分类

数据仓库是在数据库群的基础上,由各个应用单位按照各自业务应用主题需求,通过抽取、数据分析、数据挖掘、系统加工、汇总和整理,形成面向各类业务的数据集合,实现数据内容灵活封装为数据服务的功能。

按数据类型可分为基础地理类、基础资料类、专用信息类、主题信息类、业务运行类、产品信息类、元数据类、数据中心管理信息类等方面。数据资源分类如图 5-4 所示。

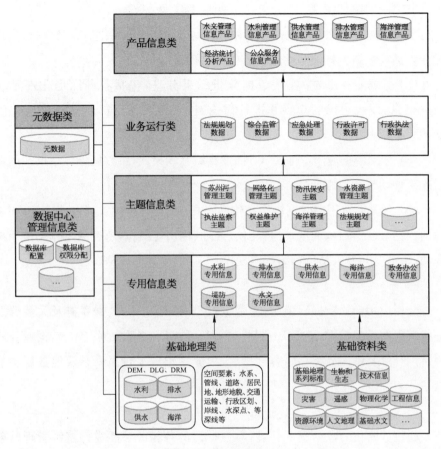

图 5-4 数据资源分类

5. 大数据处理

综合运用 Hadoop 系统、流计算、基于搜索的数据发现、数据可视化与发现等数据处理技术,实现对结构化、非结构化数据的分析处理,为应用提供有效的数据支撑。各数据处理技术如下:

(1) Hadoop 系统:通过运用机器学习技术以及文本数据分析进行数据挖掘,管理和分析海量半结构化和非结构化数据,以满足海量数据分析。

(2) 流计算:针对实时性强、数据量大、类别众多、不断变化的实时数据,通过动态收集多个数据流,实现实时分析,满足供水保障和防汛应急等业务需求。

（3）基于搜索的数据发现：为结构化和非结构化数据提供搜索索引，实现上下文之间的协作发现。

（4）数据可视化与发现：实现对原始数据的快速可视化与高级分析，实现业务人员与数据更好地互动，获得更深入的业务洞察能力。

（5）数据业务协同：实现数据分析结果分享，包括各种图形化展示和报表信息，发表自己的观点并进行讨论，进一步支持跨部门的数据流转和交换。

（6）移动数据应用：通过单方面发布或互动模式，将数据分析结果和图形展现给移动终端使用者。

（7）可见即可用的数据操作和建模：采用图形化拖拽式等方式，对不同来源的数据，进行整合、清洗、分析建模、处理、输出等操作，所有的工作均由用户驱动，不需要开发人员进行编程实现。

6. 分析应用

分析应用作为数据云顶层，将数据模型、数据仓库、数据库群及大数据处理所产生的各类数据，进行 BI/报告、探索/可视化、移动数据应用、数据业务协同、行业应用、预测分析和内容分析后，为应用集成平台提供有效地数据决策依据。

7. 数据资源管理

通过智能化的数据资源管理，对数据云的各相关功能进行多维管理。数据云的资源管理包含数据统一交换平台、数据资源目录和实例管理、数据安全保护、数据质量管理、数据分析任务管理、数据云基础环境管理、数据资产管理等。

（1）数据统一交换平台：由市水务（海洋）信息中心建设管理，具有统一数据采集与发布功能，提供与外部双向数据交换功能，并统一规范数据的交换与服务。

（2）数据资源目录和实例管理：对数据资源进行分级分类和格式标准化管理，形成有序的数据组织体系。资源目录的数据内容由各局属单位进行添加和维护，按照"谁添加、谁管理、谁负责"进行管理。用户利用资源目录对数据云中的各类数据资源进行查询和检索。对于检索的数据可以通过自助或申用方式使用,所有的数据服务请求都会生成相应的数据服务实例,并通过管理系统对其进行全生命周期的管理,确保所有实例均符合权限设定和安全管理的要求。

(3) 数据安全保护:统筹规划并实施对数据资源的安全分级和数据保护,形成有效的数据安全机制。数据保护主要防止数据因硬件故障或软件错误导致的数据损坏、丢失,并在关键业务系统中保障连续性。

(4) 数据质量管理:由市水务(海洋)信息中心牵头,联合各行业部门对数据进行质量管理,包括数据获取、存储、共享、维护、分析、应用、消亡的全生命周期的每个环节里可能引发的各类质量问题,进行识别、度量、监控、预警等一系列管理活动。通过事中探知(在线分析)、事后检查(离线分析)等方式,自动发现数据质量问题,并定期提供数据质量地图和报告。

(5) 数据分析任务管理:通过可见即可用的数据操作和建模,实现多用户同时分析数据。数据分析任务管理主要实现对平台中所有数据分析任务的提交、执行、完成情况进行监控和管理,确保资源可以被有效利用,且任务得以顺利执行。

(6) 数据云基础环境管理:结合数据分析任务管理的成果,统计和分析数据云中各种基础资源的使用情况,记录历史上数据使用的规律,如访问频率、访问热点等,对数据进行分级存放,副本生成等操作,确保数据分析任务与服务的高效、正确和可靠。

(7) 数据资产管理:管理业务数据在不同时间、不同专题、不同部门、不同用户、不同项目、不同方法所产生的分析或处理结果,方便查看、归档、恢复和自动化批量操作。

5.2.3 建设任务

按照大数据核心理念,在现有"一个单位一个库"的基础上,通过逻辑或物理整合的方式,构建水务海洋"数据云";通过统一标准规范和整合数据资源目录,实现数据的统一管理。实现数据的汇聚、分类、整合与治理,实现数据深度挖掘和分析。

数据云的建设分为以下三个阶段:

1. 第一阶段：2015—2017 年

在局层面建成统一的数据平台和交换平台，形成水务海洋行业内统一的库表标准、服务接口标准，并梳理明确数据资源目录结构。

各局属单位将本单位内部多套数据库进行资源整合，最终形成各行业基础数据库；根据资源目录体系及管理规范对本单位内的资源目录进行添加与维护。

2. 第二阶段：2018—2020 年

局层面明确目录制定及更新维护管理规范，形成实用的数学模型、资源目录体系及管理规范；对未纳入统一数据平台的数据库进行双向交换。

各局属单位结合各自业务，开展满足业务应用需求的数学模型研究，初步形成数学模型实体。根据资源目录体系及管理规范对本单位内的资源目录进行添加与维护。

3. 第三阶段：2021—2025 年

在局层面，逐步将各局属单位的行业数据库纳入到统一的数据平台，数据架构逐步向集中过渡；将已形成的数学模型实体纳入数学模型管理平台中，进行统一资源调配与管理。

各局属单位通过资源目录实现内域范围内的数据服务，通过统一数据交换平台实现与外域单位的数据交换，结合数学模型实现灵活快速地数据重组服务。

5.3　基础设施云

基础设施云是水务海洋基础设施的"大枢纽"，以市政务云体系为依托，形成水务海洋统一网络和统一信息化基础设施资源池，包括计算、存储、网络、安管等各类信息化基础设施，为信息化建设提供基础支撑。

5.3.1　架构设计

水务海洋网络由外联区、核心枢纽区与接入区组成，对外连接国家水利部水利信息网、国家海洋各条专线、市政务外网和互联网，对内连接市级委办局、水务海洋基层单位。基础设施云是以水务大厦机房为核心,堤防处、水文总站和供水调度监测中心等若干节点机房为辅,实现计算、存储、网络、安管等各类设施的集约化管理和使用。通过网络融合,形成由外联区、核心枢纽区与接入区组成的网络架构,如图 5-5 所示。

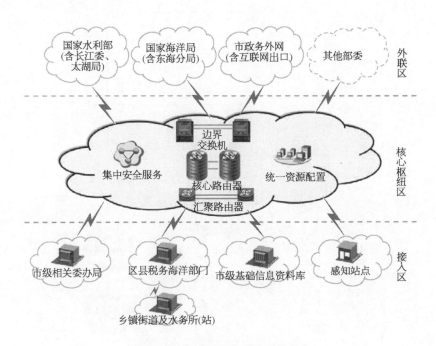

图 5-5　基础设施云网络架构示意

5.3.2　主要内容

1. 水务海洋统一网络

(1) 外联区:主要指水利信息网、国家海洋网各条专线、市政务外网、长江委、东海数据传输网、互联网等外部网络。外联区建设应遵循信息系统安全等级保护三级要求,同时满足各专线数据传输与应用访问的安全管控要求。充分利用政务外网,发挥国家电子政务公共设施的作用和效能来开展各种应用,包括水务海洋数据传输、业务应用访问、数据备份等。外联区逻辑如图 5-6所示。

(2) 核心枢纽区:指整个水务海洋网络的枢纽,承担了内部与外部数据的

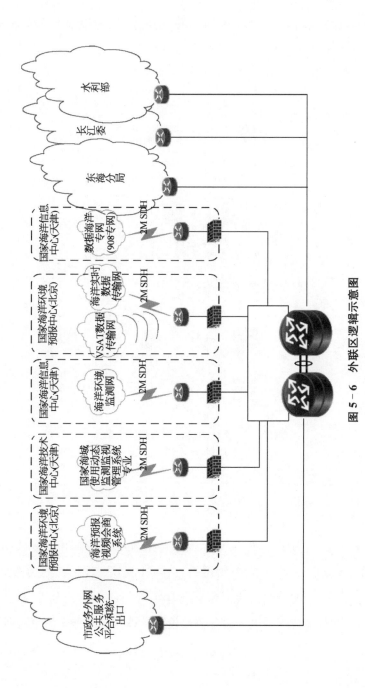

图 5 - 6　外联区逻辑示意图

高速传输。核心枢纽区的建设与管理须满足信息安全三级等保要求。核心枢纽区包括安全服务管理区、水务海洋数据中心、测试接入区。安全服务管理区包括综合网络管理平台、安全管控平台、集中审计管理、网络资源统一配置等；水务海洋数据中心主要承载整个业务数据和各类应用系统；测试接入区用于项目建设中的信息系统开发、新业务上线前的测试，以及外来人员网络接入管理等。核心枢纽区逻辑如图 5-7 所示。

（3）接入区：应充分利用政务外网资源开展业务数据传输，同时根据应用需求，如视频监控、视频会议等，租赁运营商专线。接入区下连水务海洋网络用户单位，包括区县、局属单位及其他单位，通过 MPLS VPN 技术为多个业务提供逻辑独立的数据传输通道。接入区逻辑如图 5-8 所示。

2. 基础设施资源池

基础设施资源池是以水务大厦机房为核心，堤防处、水文总站和供水调度监测中心等若干节点机房为辅，所组成的网络与基础设施资源池，实现计算、存储、网络、安管等各类设施的集约化管理和使用。水务大厦机房建设应满足信息安全等级保护三级要求，同时充分考虑未来 10 年业务发展需要，对平台数据、业务所需的资源进行合理估算，并采用新技术确保平台基础设施的高效能、低排放、易扩展。基础设施层设计要求包括三个方面的权衡，即可用性、灵活性和总体拥有成本。其中，可用性设计包括对高资源密度、高可用、容灾、业务连续性和减少人为失误等方面；灵活性设计包括对设施安装配置、水平和垂直扩展性、资源配置和重置的便利性等方面；总体拥有成本设计包括基础集约化建设，能耗、运营成本高效利用等方面。各分中心机房应在现有规模的基础上，加强规范管理，包括空调、供电、不间断供配电、辅助和应急配电、照明、防雷、动力电缆和配电电缆、消防、门禁、监控等环控管理；服务器与存储、网络设备监控和操作管理等方面。

5.3.3 建设任务

基础设施云建设分为以下三个阶段：

1. 第一阶段：2015—2017 年

完成水务海洋一张网建设。以现有水务网络为基础，依托"数字海洋"项

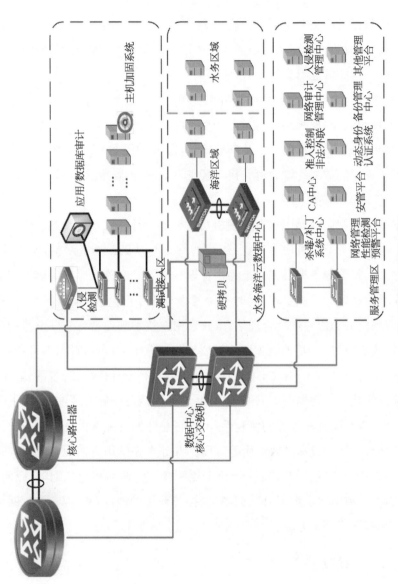

图 5－7　核心枢纽区逻辑示意图

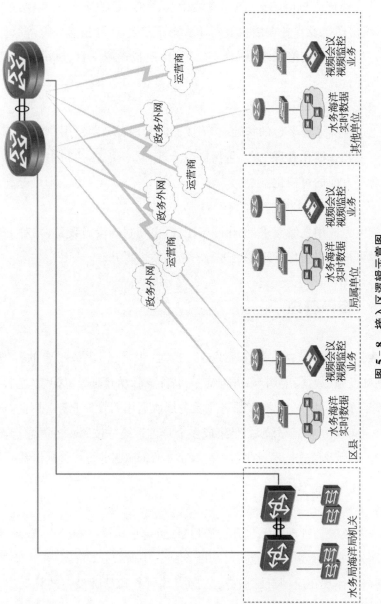

图 5 − 8 接入区逻辑示意图

目,建立水务海洋网络核心枢纽,实现业务数据统一交换分发。对现有的水务网络的带宽进行扩容升级,以满足视频会议和"水之云"平台数据交互的需求。完成水务大楼核心机房改造,包括专线接入、配电及 UPS 系统、空调系统、消防系统、机房弱电及水务大楼主干光纤系统等方面,达到信息安全等级保护三级要求。建设完成网络系统、信息安全平台、虚拟资源平台、机房环控管理等基础监控平台。

2. 第二阶段:2018—2020 年

在上述各类监控平台的基础上,形成面向管理者和网络用户的 IT 基础信息资源可视化智能化管理平台,包括机房管理、网络资源,主机虚拟资源、信息安全态势等方面的可视化。

3. 第三阶段:2021—2025 年

根据业务应用发展需求,优化网络配置,更新基础设施设备,并对 IT 基础信息资源可视化智能化管理平台进行不断的改进提升。

5.4 资源管理

资源管理,即"资源服务管理平台",是对"水之云"服务平台的各类资源(包括基础设施、数据、应用等)进行统一、智能、高效的管理,包括"水之云"服务平台的资源管理,以及"水之云"服务平台各层次通用的管理业务。因此,资源管理并非一个单独的信息系统,而是集成多个管理系统并按照水务海洋行业业务管理规范、流程及信息技术行业标准组织起来的资源服务统一管理体系。

5.4.1 架构设计

资源服务统一管理体系包含资源目录、资源审核授权和变更,以及资源监控三个部分,并与应用云、数据云、基础设施云中所提供的资源和服务内容相呼应,其内容体现在应用资源服务、数据资源服务和基础设施的管理中,其总体架构如图 5-9 所示。

(1)资源目录:提供给用户使用的资源和服务列表。各类资源可以按照类别、使用对象、使用频率等多种方式进行组织,并通过用户友好的方式在各种终

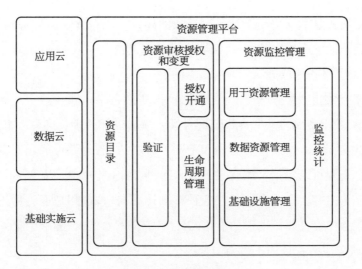

图 5-9 资源管理平台

端上形成访问入口,实现查看、申用/变更、自助服务、使用情况查询等功能。

(2)资源审核授权和变更:首先,对各类资源或服务的来源进行审核管理,定义资源服务内容,规范资源服务的服务等级、使用权限、边界条件等管理要素,检查资源或服务的规范性、完整性、可用性;其次,为通过审核的资源或服务授权;最后,对各类资源或服务在使用中生成的资源服务实例,调用的标准接口或通用应用组件,以及占用的物理或虚拟资源等进行记录和生命周期化的管理,对资源或服务使用中产生的即时需求进行采集和响应,完成各类资源的申请、授权、开通、使用、变更和回收。

(3)资源监控管理:特指对物理和虚拟的基础设施,以及应用系统、数据服务中使用到的软硬件环境进行监控,并在此基础上实现对各种基础资源(计算、网络、存储、应用、服务接口、数据源、平台中间件等)的部署配置和调度。通过统计分析和图形化展现平台的健康状况,辅助定位故障点,支持动态和在线的资源扩展,保障平台的整体可用性、可靠性、安全性,实现资源优化配置和智能管理。

5.4.2 主要内容

1. 资源目录

资源服务管理平台通过资源目录的形式将各类基础设施、数据和已经发布的应用服务显示给使用者。资源目录的建设要求包含资源服务的分类、资源服务目录的生命周期管理、资源服务的访问入口。

1) 资源服务的分类

根据"水之云"服务平台对资源的划分,资源目录的顶层可分为基础设施资源目录、数据资源目录和应用资源目录。顶层以下的各级目录由市水务(海洋)信息中心牵头,按照行业需要和不同的分类方式,组织形成相对独立的目录体系。资源目录包括资源或服务的名称、平台标识、描述,以及相关信息、分类关键字等内容。这些内容通过各种终端访问入口,使用户能方便地搜索到资源和服务内容;同时,也帮助管理人员快速查看"水之云"的平台服务内容。

2) 资源服务目录的生命周期管理

对资源目录的内容,以及其中对外发布的部分、用户可见的范围和权限进行管理,维护已经形成的资源目录,确保资源目录中的内容与实际情况相符。考虑到各种资源的特性、来源、使用方式的不同,资源目录的全生命周期管理需要资源所有者或合作第三方的参与。例如,应用云中,一个新应用的上线或者旧应用的版本升级,需要软件开发者或所有者向平台提交申请,并经过相应的验证过程、流程审批,最终提交给信息中心,由信息中心统一更新资源服务目录并对外发布。这要求资源目录管理相关的功能模块,提供相应入口。

3) 资源服务的访问入口

"水之云"服务平台的使用者包括内外域用户、第三方开发者或合作伙伴(兄弟单位)、IT 管理者和平台运营者。不同使用者访问"水之云"平台方式、使用内容、场景和管理等方面的要求均不同。因此,资源服务的访问入口要求跨平台、跨设备,并且向不同用户呈现不同的内容。整体上,访问入口应包括但不限于内域用户访问入口、外域用户访问入口、开发者/合作伙伴中心入口、资源服务管理及其子系统管理入口,并兼顾个人电脑和移动终端。资源服务访问入口的信息应与资源目录的更新相一致,当资源或服务变更后,需要对已经发布的资源目录按照规范的流程进行下线、更新与上线。为增强用户体验,建议在变更时通过多种方式提醒或通知用户,并允许用户查看最近变更过的资源服务内容。变更过的资源服务应根据资源服务的性质和业务需要来决定是否需要升级旧版本的资源服务实例。

2. 资源审核、授权和变更

1）资源审核

旨在确保资源或服务的规范性、完整性和可用性。

对于网络、存储、计算等基础设施资源，可以按照相关规范加入到基础设施资源池，并通过服务管理平台进行统一配置、调度、管理和使用。

对于数据、应用（组件）等各类资源服务，通过在服务管理平台上填写资源服务相关信息提交发布申请，待该服务审核通过后正式发布。数据和应用（组件）的审核包括但不限于对数据质量、应用（组件）安全性和合规性的检查，以及渗透和压力测试等。

对于所有类型的资源和服务，需要其所有者或提供方在申请时，提交相关信息，包括但不限于资源服务描述、环境需求、版本说明和功能清单、第三方验证材料、接口，以及方法描述、授权（license）方式、用户手册和运维手册等内容。对于第三方开发者和提供商，还要提供相应的核实的信息，以便于资源服务的维护。

2）资源授权

对资源使用权限的规范由市水务（海洋）信息中心依据国家对信息化安全的管理要求和行业特点负责制定。用户登录服务管理平台后，可以通过资源目录或资源查找，选定已经发布的各类资源服务，通过申请、审核，获得资源服务的使用权限。申请的资源可以是基础设施、数据、应用组件及应用系统。所有的资源服务均以授权方式提供给使用者，用户访问和使用资源需要经过身份和授权的双重认证。资源可以按用户授权或者按机构授权。按用户授权，即把应用程序的使用权限单独赋予某一用户；按机构授权，把应用程序的使用权限赋予某一机构，即该机构下的所有用户均有对该系统的使用权限。

3）资源变更

在资源服务使用中，用户通常会根据业务的变化产生新的需求，或对原有的服务内容进行调整。这些变更和调整可能是标准化的（即存在于资源服务目录中的），也可能是个性化的（即资源服务目录之外的）。对于个性化的变更需求，需要平台管理人员对其作出响应，在这些需求通过审核的前提下，平台管理人员调整资源服务内容，同时记录调整操作，并与具体的资源服务实例相关联。

3. 资源监控管理

资源监控管理的对象是"水之云"服务平台中所有的物理（虚拟）基础环境、应用（组件）和数据业务的运行环境，数据服务等，通过监控、部署、调度和高可用管理，确保平台的安全、可靠、高效。

资源监控管理的主要功能包括但不限于资源监控与统计、基础设施资源配置调度、数据资源管理、外域数据统一交换、应用资源管理。

资源监控管理可以分为以下三个层面：

（1）在基础设施管理方面，资源监控管理主要指实时监控网络、服务器、存储等资源的运行状态和使用情况。实现按部门、用户、资源类别等统计信息，如 CPU 个数、内存大小，磁盘空间大小，以及使用时长等。服务管理平台能够自动根据基础资源的运行情况，基于预先定义的资源管理策略和业务优先级，动态迁移虚拟机，实现负载均衡，优化资源利用。

（2）在数据管理方面，资源监控管理主要指实时监控数据平台运行情况。针对多源、海量、异构的数据，从延时率、贡献量、及时性、准确性、完整性、贡献度等角度，智能化监控数据状态及交换状态，对系统交换共享中发生的延时和故障提供预判、预警功能，实现故障的及时追根溯源、迅速诊断定位和排除。

（3）在应用管理方面，资源监控管理主要指实时监控应用和应用组件服务的使用情况，实时监控服务的平均响应时间，以及实时统计服务的运行情况。对数据服务、地图服务、应用服务等应用组件，提供在线服务资源的注册和管理。

4. 其他管理业务

资源服务管理平台的一般性管理业务包括日志和查询、数据保护和备份、用户身份认证和登录、网络端口和系统扫描、自动化补丁管理等内容。

资源服务管理平台应主要从以下三方面开展能力建设：

（1）在跨平台能力方面，集成多个厂商、多种技术产品的管理能力，摆脱特定厂商束缚，具有良好的开放性和扩展性。

（2）在可视化管理能力方面，通过平台自身的数据云，分析日志数据、用户数据，实时展现平台健康状况、任务执行情况、业务系统负载等信息，辅助定位平台中的问题和障点,为 IT 资源的优化和规划提供依据。

(3) 远程管理和混合管理能力方面,实现分布式机房设施的远程管理。未来业务扩展和资源优化,IT 资源和管理服务的外包,所形成的混合云环境,需要形成统一的管理规范,将管理业务进行逻辑抽象并实现,使未来"水之云"的资源服务管理能够随着业务扩展和基础环境变化而实现平稳过渡。

5.4.3 建设任务

资源管理的建设任务包含以下两个方面。一方面,资源管理的内容过程与应用云、数据云和基础设施云的建设相互渗透,应用、数据和基础设施,是资源管理的有机组成部分,是各层次、各管理子系统的大集成。另一方面,资源管理涉及市局、局属单位、外部用户/合作伙伴、上级主管部门等不同对象,包含安全、运维、服务、业务流程等众多方面。因此,资源管理是各部门、各业务的大整合。

资源管理的建设思路是由市水务(海洋)信息中心牵头,以"水之云"服务平台的规划和建设为基础,以标准规范为框架,以业务需求为动力,使"水之云"的规划和建设始终保持规范化引导作用,而行业业务系统和信息化项目建设的成果可以天然地整合到"水之云"的技术体系、标准体系和管理体系中。

资源管理的建设分为以下两个阶段:

1. 第一阶段:2015—2019 年

结合应用云、数据云、基础设施云的建设,"水之云"服务平台统一的资源服务管理平台集成工作初步成型,实现对核心机房、分中心机房、平台各子系统的统一管理。

2. 第二阶段:2020—2025 年

形成以"水之云"服务平台为核心的业务和服务体系。业务体系侧重于业务协同优化,持续提升水务海洋管理的精细化水平和智慧化程度;服务体系侧重于资源服务的社会化,行业服务的专业化。在这个阶段,所有局和局属单位的业务系统和信息化项目建设均纳入"水之云"服务平台的业务体系和服务体系,相关标准规范日趋成熟,完成资源服务管理平台建设。

第6章
水务海洋应用集成体系

水务海洋应用集成体系是由各类应用系统按照业务流程和协同关系组合而成的整体,以业务流程为核心,业务协同为目标,覆盖水利、供水、排水、海洋四大行业"块",贯穿法规规划、行政许可、行政执法、应急处置四个核心业务"条"的应用系统总和,实现条块结合,以条为主,分层应用。

6.1 架构设计

水务海洋应用集成体系从宏观上分为公共服务、政务管理和业务管理三部分。政务管理与业务管理相互交叉,共同支撑公共服务,应用集成体系架构如图6-1所示。

1. 公共服务

公共服务以服务社会公众为目标,主要围绕便民服务、政民互动、网上办事、信息公开等服务类型展开。通过信息查看和事务申请两种方式,获取水务海洋相关信息和服务。公共服务主要流程如图6-2所示。

2. 政务管理

政务管理以电子办公为基础,以提高政务管理效率为目标,满足法规规划、行政许可、行政执法的职能要求,从而支撑行业监管。法规规划流程包括从调研到起草,进而论证最终发布的法规流程;从调查到统计,进而研究编制

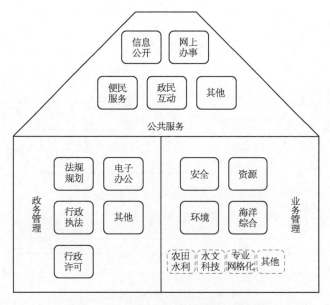

图 6 - 1　水务海洋应用集成体系架构图

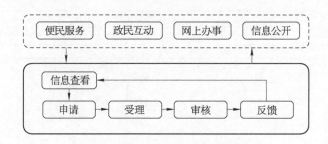

图 6 - 2　公共服务主要流程

与后评估的规划流程。行政许可流程主要是由申请人申请,行政主管部门受理后进行办理,最后发布公告。行政执法流程从巡查工作为起点,立案后进行审理,根据审理结果执行,最终结案。政务管理主要流程,如图 6 - 3 所示。

　　3. 业务管理

　　业务管理以提高自身履职能力为目标,按照条块结合,以条为主,分层应用的基本思路,主要围绕水安全、水资源、水环境(生态)和海洋综合四大领域,覆盖法规规划、行政许可、行政执法、应急管理和行业监管五大职能。其中行业监管包括建设管理、网格化管理和调度管理三大业务流程。业务管理主要流程如图 6 - 4 所示。

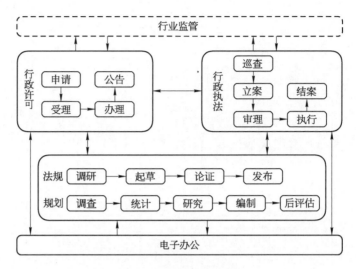

图 6-3　政务管理主要流程

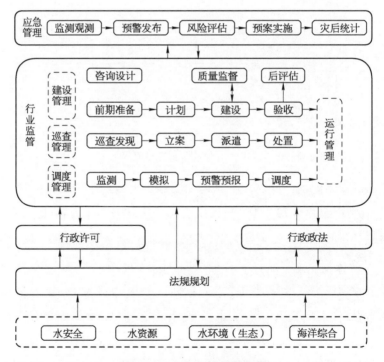

图 6-4　业务管理主要流程

6.2　建设任务

按照业务协同的要求,围绕安全、资源、环境(生态)和海洋综合管理,形成统一整体、协调有序的水务海洋应用集成体系。重点推进业务管理、公共服务、政务管理三个方面的 19 项智能应用。

6.2.1　业务管理应用

1. 建设"智能供水"应用

完善监测站点,加强信息共享,在现有的供水调度系统基础上,结合物联网技术、大数据、云技术等新兴信息技术,围绕供水安全可靠和优质供水,建设以人工智能为核心的调度管理应用,重点实现预警联动、智能响应,资源整合、智能共享,综合评估、智能分析,突发应急、智能处置,决策调控、智能指挥等方面功能,从而提高供水能力,改善供水管理,提升城市供水安全保障水平。

(1) 在预警联动、智能响应方面,实现及时发现各类异常事件,及时预警满足条件的事件,做到早发现、早处置;实现第一时间发现突发事件(如管损、供水设施突发停役、服务压力突降等),并及时报警;智能诊断事件发生的位置、影响范围、影响程度。

(2) 在资源整合、智能共享方面,实现供水行业内外数据资源的整合应用;通过数据库的动态连接,实现一点接入、智能共享,从而提高共享应用能力和水平,提高数据的安全性、可靠性及利用率。

(3) 在综合评估、智能分析方面,实现对供水水厂、泵站、管网运行状态的综合评估,动态分析管网压力分布、水厂泵站运行负荷、水量变化,对存在问题给出运行建议和方案。

(4) 在突发应急、智能处置方面,实现自动触发应急事件处置流程,应用相关数学模型和水力模型进行计算,制定原水切换方案、区域间调水方案和区域内调度方案。

(5) 在决策调控、智能指挥方面,实现发生突发事件时,相关人员在第一时间通过智能指挥平台,实现语音交流、数据及图文交互、现场视频监控共享、调度指令下达、协同指挥决策,为调度人员高效、准确地作出调度决策,提供意见建议。

2. 建设"智能防汛预警指挥"应用

上海滨江临海,易受全球气候变化、海平面上升和地面沉降等多重因素的影响,防汛防台任务十分艰巨。防汛作为影响城市安全运行的一项系统的、跨职能、跨部门的业务,迫切需要智能预警指挥应用,以高效应对自然灾害。智能防汛预警指挥应用主要包括:编制覆盖上海市的洪水风险图和避险转移图,完善风、暴、潮、洪综合预报预警系统,实现对上海市防汛的动态风险评价,支持防汛指挥决策;完善"一网四库"的网上流转及防汛值班协同机制,形成逐级跨部门预警预案启动、信息报送发布、应急处置联动的指挥调度体系;完善视频会商范围和移动智能终端功能,提升全天候防汛指挥能力。

(1) 编制覆盖上海市的洪水风险图和避险转移图,重点实现洪水风险图与避险转移、风险区土地管理等方面的有机结合,实现洪水风险快速分析、快速制图、洪水演进过程实时展示、决策信息快速提取、洪水风险评价等功能。

(2) 完善风、暴、潮、洪综合预报预警系统,主要指实现海洋风浪灾害预报,实时处理表面流场、海浪、风场等观测资料,实现与风浪潮流模型的耦合;实现与气象、流域监测数据的对接,建立洪水预报模型,加强预警。

(3) 完善指挥调度体系,主要指防汛联络网工作的协同化,基础资料信息库、防汛专家资源库、预警预案管理库和抢险队伍物资库等"四库"管理的智能化,实现逐级跨部门预警预案启动、信息报送发布、应急处置联动。

(4) 完善视频会商范围,主要指实现区(县)和街道乡镇双向视频会商全覆盖,实现与气象、公安、交通等市防汛指挥部成员单位间的视频会商,提升系统功能。

(5) 完善移动终端功能,主要指实现防汛现场采集视音频、执法等功能,实现汛情及抢险救援信息的实时更新、查询等功能,实现移动指挥与会商,实现移动端防汛信息的模块定制及实时推送。

3. 建设"智能水资源监测与管理"应用

以落实最严格的水资源管理制度为目标,以感知监测功能体系为基础,逐级建设以用水总量、用水效率与水功能区限制纳污"三条红线"控制为核心的智能水资源监测与管理应用,从信息汇聚与采集、水资源业务管理、水资源指标体系、辅助决策和信息发布等五个方面,实现市水资源管理的监管定量、信息共享、业务协同和辅助决策,同时实现与国家、流域系统之间的互联互通。

(1) 在信息汇聚与采集方面,建立水资源基础信息数据库和实时监测信息数据库,通过共享交换平台,将来自不同采集方式的所有信息统一交换与汇聚,为上层应用提供信息抽取和交换服务。

(2) 在水资源业务管理方面,针对国家"实行最严格水资源管理制度"的要求,实现上海市水资源取水、供水、用水、纳污管理相关的行政许可审批、行业监管、统计管理、水行政执法等各项日常业务的协调,实现业务流转的在线处理,提高业务人员工作效率和工作成效。

(3) 在水资源指标体系方面,利用水资源的指标驱动来响应国家三条红线管理的纲领,以三条红线的要求为方向,以水资源基础数据库为基础,细化形成一套完整、简明、科学的管理方式,较全面地反映上海市水资源开发、生产、利用、管理、可持续发展等情况和变化过程;同时对标三条红线,以高效、准确的信息化手段,进行统计分析、指标拆解和提取,以辅助科学管理。

(4) 在辅助决策支持方面,为水资源规划配置、水资源调度方案编制、水资源应急处置等提供支撑工具,实现对水资源数量、质量及开发利用过程的动态评价,对未来需水量、可供水量的预测预报;并在此基础上进行水资源综合分析和优化配置,制定水资源保护、水资源调度方案,提供决策辅助支持。

(5) 在信息综合发布方面,在数据采集、汇聚、应用的基础上,实现自主选择待发布信息,并提供分析与整理工具,直观地反映水资源形势及开发利用状况。

4. 构建"智能水环境"示范应用

在全面完成"智能苏州河"示范工程的基础上,建立水资源调度的智能支撑,完善黄浦江流域监测感知体系,建设市区两级以分片治理为格局的"智能黄浦江"框架,实现引清调水方案的预演与效果预估,逐步推广到其他重要市、区管河道的智能化管理,支撑水生态(环境)管理应用。

"智能黄浦江"框架主要包括:借鉴智能苏州河的成功经验,整合黄浦江水系雨情、水情在线监测和综合管理信息,采用云计算服务体系架构,以数据开发利用为主线,以提高水情预警预报精度为核心,实现大数据处理与挖掘、信息资源共享、防汛预警、水资源调度管理,实现降雨量预报模型、降雨径流模型、面污染负荷模型和数字河网水量水质模型的有效应用;建立以防汛安全调度预案集和水资源调度方案集为核心的智能黄浦江综合数据库,以及黄浦江防汛预警和水资源调度应用,实现简单化操作应用、模块化条件配置、科学化分析、智能化辅助决策;实现对黄浦江水位、流量和水质时空变化的实时模拟和短期预报发布,以及辅助决策支持。

5. 建设"智能农村水利"示范应用

结合美丽乡村建设,从灌溉设施、渍涝预警、用水监测三方面开展智能农村水利示范应用。结合农村水利基础设施改造更新,以乡镇为单位,开展灌溉设施自动化控制试点,提升灌溉设施的运行水平和效率。针对高端农业的灌溉要求,探索开展水位、水量自动监测的试点建设工作,加强渍涝预警。结合灌溉用水量测算分析工作,动态跟踪样点灌区用水量变化情况。

6. 建设"智能水务网格化管理"应用

在现有水务专业网格化管理平台和黄浦江、苏州河堤防、上海市一线海塘网格化巡查的基础上,进一步拓展应用,按行业分层级集约化建设骨干河道、河面率、供排水设施的网格化管理等重点应用。结合水务设施运行感知监控与维护管理,实现对水务设施部件和事件的全过程感知监控、精细管理、动态评价。

智能水务网格化管理应用需适当应用先进技术,整合软硬件、网络、数据库和管理资源,梳理优化业务流程,从"发现、立案、派遣、结案"四个环节,主动发现和处置问题,全面掌握设施运行状况,实现堤防巡查网格化、养护信息化、监管精细化,促进多部门、多层面的业务协同和信息共享。

(1)在堤防、海塘网格化管理方面,需要在巡查业务化基础上,对巡查数据进行过滤、分析和汇总,按需提供及时、有效的翔实信息,与城市网格化管理平台对接。

(2)在骨干河道网格化管理方面,需要以《上海市骨干河道布局规划》为基础,结合现状河湖,对现状骨干河湖保护情况和规划骨干河湖实施情况进行动态监控。河面率网格化管理方面,以水利规划、河道蓝线、河道测绘数据和水面率遥感等数据为基础,与行政审批工作对接,实现河道开挖与填堵工作的精细化监管,并结合规划、行业监管需求,提供信息智能推送、统计分析等方面功能。

(3) 在供水设施网格化管理方面,首先结合自来水水司服务区域、行政区划及 DMA 分区,以有利于供水管道管理养护为原则,划分网格;其次,完善供水设施图形信息与属性信息,并建立相应的信息更新机制;最后,从有利于保障水量水质、有利于降低漏损、有利于供水安全的角度,结合供水系统感知监测数据,为水厂、泵站和管网养护制定计划、养护监督等方面工作提供智能化支撑。

(4) 在排水设施网格化管理方面,首先,以重点排水户为中心,以相对独立排水系统和道路、河流等现状分界线为边界,将排水设施划分为若干网格;其次,完善排水设施图形信息与属性信息,并建立相应的信息更新机制;最后,从有利于排水行业监管、有利于城市防洪排涝、有利于污水厂运营等角度,加强重点排水户的监控,提升排水设施养护的智能化水平。

7. 建设"智能水文"

以长江口、杭州湾、省市边界水文感知监测站网建设为重点,在市水文总站及各区县(直属)于沿河区域及入海口建有大量监测站点(包括水位站、雨量站、潮位站、水质站、流量站、大浮标、生态浮标等)的基础上,实现信息监测的陆海统筹;依托 GIS 平台,实现水位、雨量、潮位、水质、流量、浪高、风速、气压等监测数据的"一张图"展示。提供全面、详细、及时、准确的信息服务,满足各项在线监测和非在线监测的水文综合信息服务需求,提升水文监测能力。

开展陆地和海洋水文应用模型研究,建设海洋风浪灾害即时预报系统,通过对各类海洋灾害的早期预警和预测,提高应对海洋自然灾害的处置能力,实现水文预警、水文预报、水文分析、水文防灾减灾辅助决策等功能,拓展陆海水文发布信息渠道。

8. 全面建成"数字海洋"业务化应用

加快推进数字海洋上海示范区、海域动态监视监测管理系统、海洋经济运行监测与评估系统、海洋生态环境保护管理综合信息系统建设,实现对海洋空间资源、自然资源、产业布局、生态环境、海洋经济运行的动态监管与评价。从而促进"海洋经济发达、海洋生态环境友好、海洋科技领先、海洋管理科学"目标的实现。

(1) 数字海洋上海示范区,是以"互联互通、资源整合、信息共享、形成应用"为目标,建设水务海洋统一网络,构建海洋数据库、"数字海洋"原型系统、海洋综合管理与服务信息系统,实现统一的海洋综合管理与服务。

(2) 海域动态监视监测管理系统是由海域海岛视频监控接入和管理、海底管线登陆区安全监管、海域巡查管理、海域使用业务管理等四个上海子系统组成,并实现与国家系统对接。

(3) 海洋经济运行监测与评估系统,可实现与涉海部门的数据交换,实现海洋经济运行监测、评估及辅助决策等功能。

(4) 海洋生态环境保护管理综合信息系统,是以"健康海洋上海行动计划"为指导,强化排海污染源的监控,并加强生态修复行动和环境保护行动信息的收集及后续监测,实现动态管理与评价,为进一步改善河口海洋生态环境,保障海洋生态安全提供支撑。

6.2.2 公共服务应用

1. 提升门户信息服务

通过整合资源、创新服务,建设水务海洋网站群,充分发挥政府网站主渠道作用。进一步完善政府信息公开建设,提供数据资源开放服务。推进网站无障碍改造,增强视力障碍群体访问政府网站的便捷性。积极落实政务微博、微信等门户建设与推广工作,构建水务海洋门户信息服务。提升政府与公众的信息互动能力。

水务海洋全门户及时向社会公众与相关企业发布行业监管动态信息,提供公共参与、民主监督渠道,定期向社会各界公告防汛、水务海洋情势、水资源与海洋资源开发利用保护情况和重要活动信息。

2. 提升移动应用服务

以智能移动终端为平台,通过微信、微博、智能应用等新媒体技术及方式,建设覆盖防汛服务、水资源管理、海洋管理、政务办公(政府信息公开、网上办事、便民服务、政民互动)的移动应用,强化面向公民、法人的在线服务和互动交流功能,不断拓展个性化服务,实现立体化、多层次、全方位移动服务。

3. 提升热线服务

升级改造涵盖咨询、投诉、建议、办事等各类服务事项的水务海洋热线系统。整合运用网站、移动终端、电话、短信、微博、微信等网络服务,实现包含业务受理、跟踪督办、处理反馈、市民回访、监督考核的全过程“闭环”管理机制,实现与市级非紧急类事务“一号式”热线服务体系无缝衔接。

4. 完善信息资源目录管理系统

以充分挖掘水务海洋系统信息资源价值、促进信息增值利用为总体目标,参照《关于推进政府信息资源向社会开放的实施意见》,梳理信息系统及信息资源,对接上海数据服务网,逐步实现数据资源向相关政府部门和社会公众开放,满足各类社会主体对水务海洋数据的需求,鼓励各类社会主体增值开发利用政府数据;建成符合市政府要求的局信息资源目录管理系统,支撑基于政府信息资源目录的信息资源共享和数据对外开放。

6.2.3　政务管理应用

1. 建设法规规划管理应用

依托行政许可、建设管理、行政执法等监管数据,建设法规库,实现法规数据的查询浏览,试点与行政许可审批流程的动态关联。

围绕规划编制、规划成果应用、规划评价与档案管理等环节,建立上海市统一的水务海洋规划管理系统,实现规划资料管理与分析,规划主要成果空间信息与属性信息的统一管理,规划成果与行政审批、行业监管的无缝衔接,以及规划实施情况的动态跟踪与评价。

深化上海市河道蓝线管理系统,实现上海市蓝线标准化划示与电子档案集中管理,实现蓝线编制成果及划示信息的智能推送,实现与测绘、规土等部门的应用协同。

2. 建设行政审批管理联动应用

继续完善水务海洋行政许可和服务事项的“全部上网、全程上网”应用,加强行政许可事项的动态调整、互联互通等应用建设,规范许可办事标准及联动机制,推进市级并联审批,市、区两级的联动审批,以及许可与执法联动,实现行政审批系统的分级应用,进一步提高行政审批办事效率,信息服务能力,以及服务公众能力。

3. 形成水务海洋信用信息平台

依托行政许可、建设管理、行政执法等监管数据,在局法人库二期成果基础上,形成局信用信息数据库,搭建具有水务海洋专业特色的信用信息平台,并对接市级平台。实现信息覆盖市区两级水务海洋管理部门、公用事业单位、社会组织等机构,实现信息查询、信用评价等功能,满足社会对信用信息的需求。拓展信用信息应用,促进行政机关在日常行政审批、行业监管、资源分配、表彰奖励等事务中查询使用信用信息。

4. 建设行业监管协同应用

以水务海洋一体化为指导,按照"建管并举、重在管理、安全为先、注重长效"的要求,以法规规划为依据,重点建设批后监管应用,纵向上实现事前检查、事中控制、事后监管等环节的协同管理,横向上助推批后监管部门的工作协同。

对接上海市人口库、法人库、空间地理库,建设水务海洋市场监管系统,实现对水务海洋行政审批、设施运行养护的全过程动态监管,实现对水务工程建设、安全、质量与造价的精细化监管,实现定额信息的统一发布与智能推送,实现市场监管与水务海洋执法的业务协同,促进市场监管的公开透明和公平公正。

5. 建设执法管理应用

以 3S、卫星通信、数据挖掘等技术为支持,建设水务海洋执法网上管理系统,包括网上举报,移动巡查执法、违法活动监控、指挥决策、案卷管理与综合评价等功能,进一步规范和优化执法流程,实现许可、监管、执法信息共享与业务协同,深入分析案件的成因及其变化趋势,建设上海市水务(海洋)执法资源的信息化管理新模式。

6. 建设科技管理应用

深化完善水务海洋科技管理信息服务系统平台,重点建设科技项目、学术成果、科技奖励、专家人才等管理过程网上协同应用,实现科研项目的需求征集、指南发布、申报立项、实施、变更、验收,科研成果转化及推广应用全过程的规范化、流程化管理,为涉水企事业单位、科研院校和社会公众提供科研服务。

7. 完善办公自动化

在现有电子政务平台的基础上,不断优化工作流程,使协同办公进一步规范化,应用工作流技术实现完全或者部分自动执行经营过程,根据一系列过程规则,文档信息或任务能够在不同的执行者之间自动传递,促进不同单位或部门的人员之间的无障碍交流;高效整合分散在各部门内外的各类文档,数据资料与其他信息,实现知识共享和按需查询。

不断完善信息简报、公文流转、档案管理、会议管理、干部外出报告等电子办公功能,实现部门与部门之间,单位与单位之间文件的起草、制作、分发、接收、阅读、打印、转发和归档等功能,推动无纸化办公与移动办公,并通过标准化接口向区(县)开放。

6.3　基本要求

水务海洋应用集成体系建设需要满足服务社会公众的需求,规范办事程序,加强信息公开,接受公众和企事业单位监督,充分体现"提供大服务"的指导思想;需要满足决策支持需求,通过改造底层信息服务机制,实现信息更好地融合关联,为决策提供更为全面、直接和准确的数据服务,充分体现"以信息化跨越式发展提升水务海洋现代化管理"的指导思想;需要满足与国家水利部、建设部、国家海洋局及区县水务海洋管理部门的互联互通和信息共享需求,提高工作效率和业务管理水平。

水务海洋应用集成体系建设,拟通过现有系统整合、现有系统改造与重建、新建系统三种方式开展。三种方式的基本要求详述如下。

6.3.1　现有系统整合

在信息系统以分散建设为主的过程中,形成了水务海洋信息系统"条"、"块"分割的格局,导致现有系统之间信息共享与业务协同难以满足新形势的要求。这也成为制约建设"智慧水网"的瓶颈之一,因此信息系统及资源整合成为"智慧水网"建设的重要内容之一。

现有信息系统整合的主要对象为业务流程相对稳定的、系统运行状况良好的能够支撑智慧水网建设的信息系统。总体整合方案分为数据资源层面整合与应用系统层面整合。

(1) 数据资源层面的整合针对应用系统运行良好，两者功能交集较小，但具有一定数据联系的应用系统，其通过分析待整合系统的数据资源关系（数据类型、数据流向、数据共享需求等），确定整合后的数据资源结构，并对上层应用系统进行相应的改造，实现同一数据资源上不同系统的稳定运行。

(2) 应用系统层面的整合是指在云计算服务环境下，基于 SOA 架构，对在不同的开发平台下、用不同的开发语言、不同架构设计开发并且运行于不同网络环境当中的信息系统进行深入的分析，将其业务流程分割包装成不同的服务，并整合在统一的网络中，对使用者提供透明化的服务，从而实现系统的松散耦合。

现有系统整合的总体要求包括：实现业务系统的数据共享和关联；实现上下游应用系统的业务协同；实现与"水之云"平台的无缝对接。

6.3.2 现有系统改造与重建

当前我国正处于政府职能转型的重要时期，政府机构内部及政府机构之间的业务流程面临不断调整，信息系统建设也由内部办公自动化逐渐转向决策支持与公众服务。由于以往信息系统建设较为分散，导致建设理念不一致，未能充分考虑业务变化需求。因此，现有信息系统中有一部分已经无法满足未来智慧水网建设需求，需要统筹进行相应的改造与重建。

对现有系统改造的总体要求为：通过评估现有系统，找出目前运行状况（系统效率、安全等方面）良好的系统，按照智慧水网的业务需求，在"水之云"服务环境下，基于 SOA 技术架构，重新梳理业务流程，并采用工作流、可视化等技术对业务流程进行建模，构建可变动的业务流程定制机制，从而实现对现有系统的改造。

系统重建的总体要求为：通过评估现有系统，对于设计理念、运行效率和安全特性均与智慧水网要求相差过大，或改造成本过高的现有系统，重新梳理业务需求，在"水之云"服务环境下，重建新系统。在确保旧系统正常运转的前提下,完成新系统测试与试运行;在不影响正常工作的前提下,实现新系统替换旧系统,从而完成系统重建。

6.3.3　新建系统

随着《中共中央、国务院关于加快水利改革发展的决定》、《上海市推进智慧城市建设 2014—2016 年行动计划》、《关于新一轮上海水务海洋专业规划编制的指导意见》,以及最严格水资源管理制度的落实,水务海洋事业面临着新的挑战与机遇,需要新建系统来支持水务海洋事业的可持续发展。

系统新建的总体要求包括:按照"水之云"平台技术要求开发系统,符合数据云的存储要求,加强通用性组件开发,纳入统一的资源管理目录;能够与现有系统充分整合,在"水之云"平台架构下,充分利用应用组件区中的相关组件,避免重复开发;实现与已建系统业务流程的无缝对接,充分体现业务协同的要求;根据信息安全的相关要求,明确细化可共享数据的范围、使用方式等,并开发相应的服务接口,有效支撑与其他部门的信息共享,从而保障业务协同。

第7章
信息安全和标准规范保障

信息安全保障和标准规范保障作为水务海洋信息化的重要内容,旨在从制度、管理和技术等方面确保整个信息化平台及各应用系统安全、可靠、有效运行。标准规范体系中所提及的指标具有很强的合理性和先进性,建立健全标准化的保障体系,必然可以使水务海洋信息化在技术先进性、安全可靠性、经济合理性、执行高效性等方面得到保证,从而为深入开展信息化建设提供先进合理的衡量尺度和工作依据。

7.1 信息安全保障

根据水务海洋信息化发展总体目标,按照国家信息安全等级保护标准及相关规定要求,结合信息安全保障需求和信息安全技术发展趋势,以风险和策略为基础,从信息安全技术、信息安全管理、信息安全能力提升三个维度构建水务海洋信息安全保障体系。

7.1.1 架构设计

水务海洋信息安全保障体系从技术和管理两个方面依据相关国家标准进行建设与管理,整体架构如图7-1所示。

结合水务海洋信息安全保障需求和信息安全技术发展趋势,按照等级保

图 7 - 1　水务海洋信息安全保障体系架构

护三级的要求,从安全技术应用、信息安全管理、安全能力建设和标准规范建设四个方面,做好物理、网络、主机、应用和数据的安全技术保障,确保信息化高效有序、安全可控。

(1)加强安全技术应用。针对云计算、移动互联网、物联网、大数据等新技术、新应用带来的安全风险,积极引入技术先进、安全可控的信息安全技术及产品,提升信息安全技术防护能力。

(2)加强信息安全管理。针对水务海洋重点应用系统,构建全生命周期的信息安全监管机制。加强实时监测预警与应急处置,落实信息系统安全测评,建立健全信息安全责任制体系,强化风险评估、等级保护、安全测评、应急管理等长效制度的落实。

(3)加强安全能力建设。完善网络与信息安全应急保障体系建设,定期开展应急演练,加强信息安全员的教育培训与知识更新。提升预防保障能力、监督检查能力、监测预警能力、应急响应能力和数据恢复能力。

(4)加强标准规范建设。

7.1.2 技术要求

依据《信息安全等级保护基本要求》，从技术层面入手，围绕着物理安全、网络安全、主机安全、数据安全和应用安全五个方面，完善上海市水务海洋信息安全技术体系建设。信息安全技术体系框架如图7-2所示。

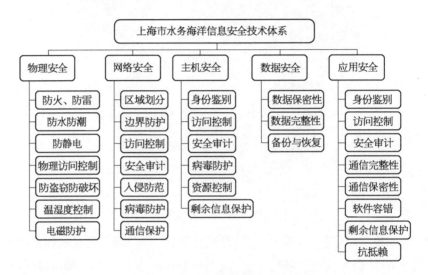

图7-2 信息安全技术体系框架

1. 物理安全

（1）机房物理位置合适，环境控制措施得当，具有防震、防风、防水、防火、防尘、防盗、防雷、防静电，以及温湿度可控等安全防护措施。

（2）机房管理措施全面得当，如出入管理规范、卫生管理规范、值班巡视制度等，保障各业务系统稳定、安全地运行。

（3）电力冗余设计，从而保障各业务系统在遇断电、线路故障等突发事件时能正常稳定运行。

（4）机房各类指标应满足《信息安全等级保护基本要求》等保三级机房物理环境要求中的必须完成项。

2. 网络安全

（1）满足双网隔离的基本要求，即与互联网采用逻辑强隔离设备进行隔离。

（2）边界安全防护措施到位，满足《信息安全技术信息系统安全等级保护基本要求》，如边界访问控制措施、远程安全接入、入侵检测等。

（3）安全域划分合理，内网根据业务系统等级保护定级，将三级系统独立成域，并采取相应的安全措施。

（4）针对网络设备进行安全防护，如安全接入控制、设备安全管理、设备安全加固、安全日志审计、设备链路冗余等。

3. 主机安全

从主机身份鉴别、访问控制、安全审计、剩余信息保护、入侵防范、恶意代码防范和资源控制等方面加强系统安全。

4. 应用安全

从身份鉴别、访问控制、安全审计、通信完整性、通信保密性、通信抗抵赖性与资源控制等方面加强应用安全。

5. 数据安全

从数据完整性、数据保密性和备份与恢复等方面加强数据安全。

7.1.3　管理要求

依据《信息安全等级保护基本要求》，从管理层面入手，围绕着安全管理机构、安全管理制度、人员安全管理、系统建设管理和系统运维管理五个方面，完善上海市水务海洋信息安全管理体系建设。信息安全管理体系如图 7-3 所示。

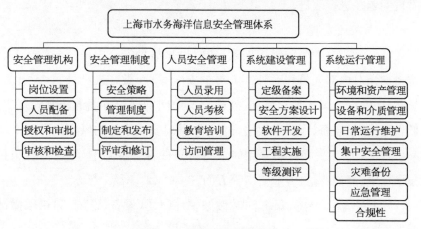

图 7-3　信息安全管理体系

1. 安全管理制度

建立一套信息安全管理制度体系,防止人员的不安全行为所引起的安全风险。安全管理制度包括信息安全工作的总体方针、策略、规范各种安全管理活动的管理制度,以及管理人员或操作人员日常操作的操作规程。信息安全方针应当阐明本单位的信息安全管理的目标与方法。

(1)制定和发布管理制度。制定安全管理制度是规范各种保护单位信息资源的安全活动的重要一步,制定人员应充分了解本单位的业务特征(包括业务内容、性质、目标及其价值),并在此基础上提出合理的、与单位业务目标相一致的安全保障措施,定义出与管理相结合的控制方法,从而制定有效的信息安全政策和制度。

(2)评审和修订管理制度。安全政策和制度文件制定实施后要定期评审安全政策和制度,并进行持续改进,尤其当发生重大安全事故、出现新的漏洞,以及技术基础结构发生变更时,要对控制措施和信息安全政策与制度持续改进,使之在理论上、标准上及方法上与时俱进,保证本系统的安全。

2. 安全管理机构

建立一整套包含单位领导、执行管理层及业务运营层的管理机构,来约束和保证各项安全管理措施的执行,主要工作内容包括对单位内重要的信息安全工作进行授权和审批,内部相关业务部门和安全管理部门之间的沟通协调,与机构外部各类单位的合作,以及定期对系统的安全措施落实情况进行检查,以发现问题并进行改进。

3. 人员安全管理

人是信息安全中最关键的因素,同时也是信息安全中最薄弱的环节。各单位要加强对内部人员和对外部人员的安全管理,做好人员录用、人员离岗、人员考核、安全意识教育和培训、外部人员访问管理等方面的控制管理工作,降低人为错误、盗窃、诈骗和误用设备导致信息安全事件的风险。

(1)人员录用。在人员录用时应进行条件符合性筛选,考虑内容包括人员技术水平、身份背景、专业资格等方面。

(2)人员离岗。在人员离岗时做好硬件归还(设备、设施)和权限撤销两方面工作。

（3）人员考核。定期对关键岗位人员进行考核，确保各个岗位人员具备该岗位的工作能力。

（4）安全意识教育和培训。注重对安全管理人员的培养，提高其安全防范意识；加强员工培训，使其认识到自身的责任，提高自身技能。培训的内容包括单位的信息安全方针、信息安全方面的基础知识、安全技术、安全标准、岗位操作规程、最新的工作流程、相关的安全责任要求、法律责任和惩戒措施等。

（5）外部人员访问管理。在业务上有与外部人员进行接触时，应进行适当的临时管理，确保重要信息系统与核心数据安全。

4．系统建设管理

依据"同步建设、持续改进"原则，不断完善信息系统建设管理要求，在信息系统规划、设计、实施等各阶段，推进相应信息安全保障措施的建设和落实，完善信息系统等级保护定级、备案和测评工作，加强信息系统建设过程的安全管理，提高信息系统安全保障能力。

5．系统运行管理

依据水务海洋专网"分层、分域、分级、分时"的防护要求，按照重要安全域与其他安全域分离、海洋专网与公众网络逻辑隔离的安全策略，逐步整合水务海洋专网与其他网络之间的网络交互接口，建立统一的交互边界并实现集中安全防护，实行严格的网络接入控制，完善水务海洋信息系统上线运行备案审批制度，加强信息安全监测与预警。

（1）分层保护。信息系统是通过计算机系统硬件、软件层层构建而来，上层的安全依赖下层的安全，每一层的安全将影响整体安全性。因此，水务海洋信息安全技术体系将采取逐层防护的思路，分别构建物理安全、网络安全、系统安全、应用安全及数据安全等层级的安全技术防护。

（2）分域保护。按照信息系统等级保护三级的安全设计要求，划分不同的安全域。局机关、局属单位都是独立的安全域，每个安全域又细分核心计算域、网络基础设施域、互联网接入安全域、外联接入安全域、终端安全域和支撑设施域，不同安全域采取相应的安全控制措施。

（3）分级保护。根据国家相关政策要求和标准规定，按照信息安全等级保护的指导思想，针对不同级别系统采取不同技术防护措施。

（4）分时保护。信息安全的保护分为事前、事中、事后三个时间段。信息安全技术体系将部署漏洞扫描、入侵检测、身份认证、安全加密、网络流量控制、防火墙、防毒墙、杀毒软件、网络审计、日志分析等手段，全面实施"事前全面预防、事中立体防御、事后联动处理"的立体防御、纵深防护的安全技术体系。

7.1.4　能力提升

各单位要从安全预防保护、监测预警、应急响应、监督检查和安全恢复等方面加强网络与信息安全保护与防御能力建设。

1. 预防保护

采用技术和管理手段保护信息系统的保密性、完整性、可用性、可控性和不可否认性。划分信息系统安全等级，完善系统的安全功能和安全预防机制，提升信息安全保护能力。

对设备、系统、应用和配置等开展周期性检查，确保信息系统符合水务海洋信息安全相关要求。针对系统漏洞、配置错误等安全风险及时进行安全加固或整改。

2. 监测预警

通过分析威胁来源，梳理信息系统脆弱点，以及针对安全设备、网络设备、操作系统日志、应用日志和数据库日志等进行集中关联和分析，发现对业务可能造成影响的潜在安全风险，以及可能大范围爆发的安全事件，提升消除、避免、转嫁风险的能力。

3. 应急响应

针对危及安全的事件、行为、过程，提升应急响应处理能力，杜绝危害进一步扩大，保证信息系统提供正常的服务。

建立以外部信息安全专家、信息安全设备厂商、电信、电力等部门共同参与的信息安全应急团队。在安全事件发生时，及时联动，快速处置，将影响降到最低。

4. 监督检查

通过相应的技术管理手段，建立检查的策略和制度，形成报告协调与审计机制,提升信息安全监督检查能力。

5. 安全恢复

通过容错、冗余、替换、修复和一致性保证等恢复技术手段,提升被非法破坏的信息系统和信息的恢复能力。

7.2　水务海洋标准规范保障

根据国家、国家水利部、国家海洋局等部委及上海市的相关标准,并结合上海水务海洋业务实际,以及"水之云"服务平台的建设,明确水务海洋信息化标准规范总体架构和建设任务。

7.2.1　架构设计

水务海洋信息化标准规范体系主要涵盖信息化建设管理中应当贯彻执行的各种技术标准和管理规范,用于指导水务海洋信息系统和基础设施的设计和建设。按照总体架构,标准规范分为五大类 11 小类,具体包括:总体标准、应用分类标准、接口类标准、数据类标准、数据目录标准、基础设施类标准、数据采集类标准、数据传输类标准、网络与通信类标准、信息安全技术类标准、信息安全管理类标准。水务海洋信息化标准规范体系如图 7-4 所示。

此外,各项组成内容可以根据具体目标的内容范围和深度要求进行组合与剪裁,同时可为已制定的标准规范的完善工作提供指导依据。

7.2.2　建设任务

在现有上海市水务海洋标准规范体系的基础上,依据国家水利部、建设部、国家海洋局与上海市相关标准规范,研究形成适应信息技术发展趋势的标准规范体系,具体包括总体标准规范、水务海洋应用集成体系标准、"水之云"服务平台标准、智能感知标准、信息安全体系标准。

1. 总体标准规范

总体标准两项,包括《局信息化建设管理办法》、《信息化专项预算项目实施方案审查及验收管理办法》。

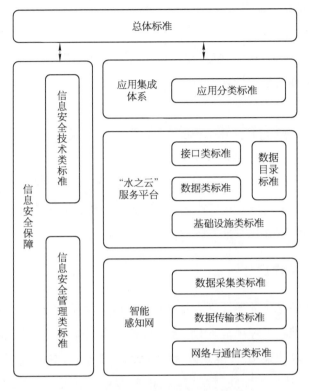

图 7-4 水务海洋信息化标准规范体系

新增《局信息化建设管理办法》,细分信息化项目的类型,规范项目的申报、审批、建设和验收程序,明确相应职能主管部门以及工作流程。

新增并推广《信息化专项预算项目实施方案审查及验收管理办法》,加强对信息化专项预算项目前期和验收的管理,使项目从实施方案编制到验收工作能够制度化、规范化,从而确保项目质量达到相关要求和标准。

2. 水务海洋应用集成体系标准

水务海洋应用集成体系标准共四项,包括《应用系统建设指导意见》、《上海市水务局电子政务系统建设标准》、《上海市水务局政府服务门户建设指南》、《上海市防汛视频会议系统管理办法》。

新增《应用系统建设指导意见》,在上海市水务海洋系统内,对新建及改造的各类信息化项目在框架体系、技术规范、安全标准等方面进行统一的引导和规范,使之满足《上海市水务海洋信息化规划》的整体要求及"水之云"服务平台的整体架构设计。

修订《上海市水务局电子政务建设标准》,结合上海市水务局办公自动化推进与信息技术发展趋势,修订上海市水务局电子政务建设标准规范体系(2009 版)。本标准规范主要涉及电子政务技术性规范、移动办公接口规范、信息资源目录规范及运维管理规范等内容,主要作用是指导上海市水务行业电子政务系统今后的规划、建设和运行维护工作。

新增《上海市水务局政府服务门户建设指南》,促进上海市水务局网站、微博、微信等服务内容的安全、规范管理,规范网站信息发布、邮件管理,开展网站和技术防范体系建设指导,从而保障局网站的安全运行和健康发展。

新增《上海市防汛视频会议系统管理办法》,明确管理机构和职责、会前会中会后的技术保障工作。加强本市防汛视频会议系统管理,从制度上规范各级防汛部门对系统建设管理的职责,确保视频会议系统稳定、高效、安全运行。

3. “水之云”服务平台标准

“水之云”服务平台标准共五项,包括《水务海洋数据中心建设规范》、《水务海洋数据资源服务规范》、《水务海洋信息化系统运行维护规程》、《上海市水务海洋核心机房管理办法》、《水务大厦办公局域网计算机接入管理办法》。

新增《水务海洋数据中心建设规范》,按照统一标准和统一管理体系,指导水务海洋数据中心的设计和建设,加强数据存储、数据分类、数据安全、库表设计的规范性和可操作性,保障信息资源的集成和共享。

新增《水务海洋数据资源服务规范》,制定统一的交换与服务及安全标准,对数据传输、数据交换、数据汇聚、数据服务接口、地图服务接口、应用服务接口等进行规范化管理,形成一个统一的数据支撑平台,为各类应用提供坚实的基础。

新增《水务海洋信息化系统运行维护规程》,结合水务海洋业务发展需求及信息化技术的不断创新,对各类水务海洋信息化系统的运行维护进行规范化管理及引导,以保障这些系统能够正常稳定、长期有效的运行和发挥作用,更好地为上海市水务海洋一体化综合管理提供有效的信息支撑

新增《上海市水务海洋核心机房管理办法》,明确了机房管理人员职责,对机房人员进出、机房环境控制、机房设施设备管理等提出了具体的要求,使机

房管理工作更加规范化和制度化,保障水务海洋核心机房的安全稳定运行。

新增《水务大厦办公局域网计算机接入管理办法》,对水务大厦办公局域网内设备接入、安全配置设置、移动介质使用等作了明确的规定与要求,进一步加强水务大厦局域网的安全管理,防止失、泄密事件的发生。

4. 智能感知标准

水务海洋应用集成体系标准沿用国家、行业相关标准,如《地下水监测规范》(SL 183—2005)、《水资源监测设备技术要求》(SZY 203—2012)、《水环境监测规范》(SL 219—2013)、《水位计通用技术条件》(SL/T 243—1999)、《声学多普勒流量测验规范》(SL 337—2006)、《水文自动测报系统技术规范》(SL 61—2003)、《水资源监测数据传输规约》(SZY 206—2012)等。

5. 信息安全体系标准

信息安全体系标准四项,包括《上海市水务局(上海市海洋局)计算机网络安全管理规定》、《上海市水务局(上海市海洋局)计算机信息系统安全管理办法》、《上海市水务局(上海市海洋局)重大网络与信息安全事件通报制度》、《上海市水务局(上海市海洋局)网络与信息安全事件应急预案》。

新增并推广《上海市水务局(上海市海洋局)计算机网络安全管理规定》,加强对计算机网络系统人员管理、系统维护管理、数据备份管理、安全设计管理、应急处置管理等,确保计算机网络系统安全和重要信息数据的安全。

新增《上海市水务局(上海市海洋局)计算机信息系统安全管理办法》,对信息系统规划、方案设计、系统建设、运行维护等阶段提出了信息安全工作要求,确保信息系统全生命周期的安全运行。

修订《上海市水务局(上海市海洋局)重大网络与信息安全事件通报制度》,规范网络与信息安全信息通报管理工作,及时做好相应的安全防范措施,降低信息安全事件的发生概率,减少信息安全事件带来的损失和影响。

修订《上海市水务局(上海市海洋局)网络与信息安全事件应急预案》,建立健全网络与信息安全事件应急保障和恢复工作机制,提高应对突发网络与信息安全事件的组织指挥和应急处置能力,维护基础信息网络、重要信息系统和重要工业控制系统的安全,保证应急指挥高度工作迅速、高效、有序地进行,保障市水务海洋信息系统的安全运行。

标准规范的建设任务见表 7-1。

表 7-1　标准规范任务表

类别	标准规范名称	建设模式
总体标准	上海市水务局(上海市海洋局)信息化建设管理办法	新增
	上海市水务局(上海市海洋局)信息化专项预算项目实施方案审查及验收管理办法	新增并推广
应用集成体系标准	上海市水务海洋应用系统建设指导意见	新增
	上海市水务局电子政务系统建设标准	修订
	上海市水务局政府服务门户建设指南	新增
	上海市防汛视频会议系统管理办法	新增
"水之云"服务平台标准	上海市水务海洋数据中心建设规范	新增
	上海市水务海洋数据资源服务规范	新增
	上海市水务海洋信息化系统运行维护规程	新增
	上海市水务海洋核心机房管理办法	新增
	上海市水务大厦办公局域网计算机接入管理办法	新增
智能感知标准	水资源监测设备技术要求(SZY 203—2012)	沿用国家、行业相关标准
	水环境监测规范(SL 219—2013)	
	水位计通用技术条件(SL/T 243—1999)	
	声学多普勒流量测验规范(SL 337—2006)	
	水文自动测报系统技术规范(SL 61—2003)	
	水资源监测数据传输规约(SZY 206—2012)	
信息安全体系标准	上海市水务局(上海市海洋局)计算机网络安全管理规定	新增
	上海市水务局(上海市海洋局)计算机信息系统安全管理办法	新增
	上海市水务局(上海市海洋局)重大网络与信息安全事件通报制度	修订
	上海市水务局(上海市海洋局)网络与信息安全事件应急预案	修订

第8章
总结和展望

本书立足于上海市水务海洋信息化现状,在全面评价上海市水务海洋信息化建设的相关成绩、经验和存在问题的基础上,结合上海建设智慧城市建设的相关要求和新一轮信息技术发展趋势,提出未来一个时期(2015—2025 年)内上海市水务海洋信息化发展的定位、指导思想、发展和目标和、任务,并应用物联网、云计算、大数据等技术对水务海洋信息化进行了技术架构顶层设计,明确了"水之云"服务平台的核心地位。

顶层设计中依据国家、上海有关规划和的相关要求,顺应"智慧城市"发展趋势,对接水务海洋行业相关规划的内容,从对接上海"智慧城市"和满足水务海洋事业发展要求的战略考虑,围绕"智慧水网"建设提出了信息化发展的指导思想、原则,目标定位既兼顾了信息化发展的近、远期目标,又在"信息感知、支撑平台、应用服务、管理保障"四个方面提出了切合实际、重点突出和可实施的具体目标,对于明确上海市新一轮水务海洋信息化建设方向具有重要意义。

顶层设计中顺应"智慧城市"建设发展趋势,结合结合水务海洋行业发展实际特点,应用云计算、大数据、物联网等新技术,提出了"一张智能感知网、一个水之云支撑平台、一套应用服务体系、一组信息安全和标准规范保障"的四个一的框架,并重点围绕"水之云"服务平台,从上海市水务海洋信息化整体角度对"水之云"中的基础设施云、数据云、应用云和资源管理进行了详细设计,明确了未来信息化建设技术框架和管理模式,对于规范和指导 2015—2025 年的水务海洋信息化的建设与发展具有重要意义。

顶层设计的落实,重点在组织实施和"水之云"服务平台建设两方面展开。

组织实施方面,需要从加强领导、加大投入、推广应用与统筹协调等角度来促进顶层设计的落实。加强领导方面,加强水务海洋信息化工作的组织领导,建立健全市、区(县)各单位(部门)的信息化领导体系和组织机构,落实信息化建设与管理的责任主体,形成主要领导全面抓、分管领导具体抓、职能部门负责行业协同、行业单位负责市区协同、牵头单位负责建设和运行的信息化管理格局。以完善和落实水务海洋信息化建设管理办法为抓手,强化规范管理,进一步理顺推进机制,强化信息共享与应用协同,实现信息化建设的全过程监管。加大投入方面,建立信息化建设管理的投入保障机制。完善信息化建设和运行维护保障经费标准等政策措施,加强政策引导,在逐步增加政府投入的同时,鼓励企业自筹,形成多渠道多层面的信息化投入机制。按照急用先建、分步建设的原则,加强对新技术应用的前期研究,把握好资金投入的比例和进度,确保信息化项目有序推进。推广应用方面,以人才核心保障信息技术的深入应用,加强多渠道人才引进和结构优化,合理搭建人才梯队,重点提升人才队伍综合素质,满足水务海洋行业信息化建设与管理需求。建立完善合理的考核、分配、奖惩制度,充分调动人才的积极性和创造性;通过广泛宣传、深化服务与制度落实,充分发挥信息化在提高工作效率和转变工作方式的重要作用。统筹协调方面,加强对区(县)水务海洋信息化的指导与服务,梳理和优化行业管理业务流程,整合行业管理信息,做好系统架构的顶层设计,统筹开发市区两级协同联动的信息系统,并统一部署到区(县),培训到区(县),应用到区(县),实现市区两级应用系统的联动协同。制定行业应用管理办法,明确责任分工,分别落实行业和区(县)管理运行部门的工作职责和保障措施,保证系统应用发挥实效。区(县)水务部门在上海市总体框架下,围绕区域发展和行业发展的需要,体现区域特色,推进信息化建设。

"水之云"服务平台建设,以数据云建设为核心,重点关注基础设施云和应用云建设。数据云建设,需要通过建立和完善统一的标准体系,确保数据共享互联,打通共享壁垒;需要进一步完善数据实时动态更新机制并固化到应用系统中,细化完善实时处理技术框架设计与关键技术研究;需要建立不同来源、不同类型的水务海洋数据的共同语义和统一认知,打通数据、信息、知识转化规则,建立针对泛在网络环境下多态信息的集成与在线表达;需要加强对各种结构化和非结构化数据的综合处理,深入应用专业化的数据分析工具,加强数据挖掘方面的研究与应用,建立各类数据模型,为智能预报、科学决策提供可靠的数据支撑。应用云建设,需要进一步针对接入设备(移动平台、固定平台等)和接入方式(专网、Internet 网等)的多样化,以移动互联网思想为指导,重视跨平台的客户端应用,提供广泛而灵活的智能数据服务。基础设施云建设,需要与"智慧城市"建设进行良好衔接,为满足数据高速增长的需求,注重存储能力、计算能力、网络带宽等要素的可扩展性。

顶层设计的落实,必将推动未来 10 年上海水务海洋信息化建设进入新阶段,促进信息技术全面深入应用和水务海洋事业发展两者间的良性循环的形成。信息化将成为提升水务海洋信息价值的倍增器,成为推进水务海洋事业发展的助力器,成为实现新的治水管海思路的重要抓手,成为水务海洋事业发展的重要支柱之一。

智慧城市是城市信息化发展的愿景,将会历经从初级到高级、从局部到整体、从单一到综合的不同发展阶段,水务海洋信息化建设也将在整个"智慧城市"的建设浪潮中不断提升和发展与完善。面对全国加快水利改革发展的新形势、新要求,以及新时期上海推进智慧城市建设的新举措,本书充分分析了上海水务海洋信息化的现状,并明确工作将要面临的主要挑战:适应业务发展的需求,在新的技术条件下,提供更为方便、快捷、有力的信息化支撑;在现有信息平台基础上,科学完善布局,提高基础管理的数字化和精细化水平;在现有的信息化建设基础上,强化信息化建设运维的规范管理;在信息系统规模不断扩张、应用层级范围不断加大的条件下,有力保障信息与系统的全面安全等。随着信息技术的进步和水务海洋业务需求的不断增加,水务海洋信息化技术架构顶层设计其理念内涵、技术要求、标准规范也会发生相应的变化,还需要在实践工作中不断地调整和完善其内容。

附　录

附录1　上海市水务海洋信息化现状调查问卷

1. 信息化管理工作

附表1-1　机构和人才队伍、投资情况调查表

年度	信息化责任机构名称	技术支持及运行维护部门名称	人员情况					年度信息化投资（万元）		
			职工总人数	本科以上学历人数	主要从事信息化工作的人数		年度接受信息化专题培训的人次	新建	改造	运维
					本单位	外包				
2009										
2010										
2011										
2012										
2013										

注：1. 信息化责任机构名称：填写信息化工作领导小组或类似领导机构的名称；若没有，则填写"无"。

2. 技术支持及运行维护部门名称：技术支持及运行维护部门（包括承担本单位技术支持与运行维护外包服务的外部单位）的名称。若为本单位部门，具体指负责单位内部信息化组织建设、运行维护、预算申报等具体工作的机构的名称，需在机构名称后以括号方式著名机构或兼职机构。机构若在"三定方案"中涉及，则需使用三定方案中机构名称。填写示例如：总工程师室（兼职机构）。

3. 人员情况：指在本单位实际工作并且工作性质为三定方案相关或本单位职责相关的人员，

不考虑用工方式。在上述前提条件下填写职工总人数、本科以上人数和主要从事信息化工作的人数等。

4. 主要从事信息化工作人数：本单位，指本职工作从事信息化人员的总人数；外包，指非本单位职工，但负责本单位信息化工作的专职人员，要求外包人员每年在单位内工作至少达到6个月。

5. 年度接受信息化专题培训的人次：指所有职工参加各类信息化专门培训的总人次数。

6. 年度信息化投资(万元)：本项包含财政预算资金与自筹资金。其中，新建指从无到有建立信息化系统，所投入的资金；改造指对已有信息化系统进行优化升级所投入的资金；运维指保障已有信息化系统顺利运行所投入的资金。

附表 1-2　信息化管理制度调查表

序　号	名　　称	实施范围	发布时间	开始执行时间

注：1. 名称：填写本单位自行发布的信息化管理制度的完整规范名称。

2. 实施范围：该条管理制度执行的范围。如信息科，具体的业务部门，信息系统或机房等基础设施，若是面向单位内所有部门，则填写"全单位"。

3. 发布时间：该条管理制度发布的具体年月日，格式为"××××年××月××日"。

4. 开始执行时间：该条管理制度开始执行的具体年月日，格式为"××××年××月××日"。

2. 基础设施

附表 1-3　信息系统运行环境调查表

调查内容	调查明细	具体内容	备　注
直属单位连接情况	连接方式		
	连接数量		
计算机机房	数量		
	面积		
	等级		
	建成年份		
计算机终端数量	总数		
	连入政务外网		
	连入水务专网		
	连入 Internet		

（续表）

调 查 内 容	调 查 明 细	具体内容	备　注
计算机终端数量	连入局域网		
	连入公务网(涉密网)		
服务器数量	总数		
	连入政务外网		
	连入水务专网		
	连入 Internet		
	连入局域网		
	连入公务网(涉密网)		
	使用年限(1—3 年)		
	使用年限(4—6 年)		
	使用年限(7 年及以上)		
存储能力	总容量(GB)		
	已使用容量(GB)		
路由器数量			
硬件防火墙数量			
交换机数量			
其他网络及安全设备数量			
网络带宽(M)	连入 Internet		
	局域网		
视频会议	外部视频终端 1		
	外部视频终端 2		
	外部视频终端 3		
	内部视频终端 1		

注：1. 直属单位连接情况：连接方式包括通过局域网方式、广域网方式、其他和未连接四种情况；其他后需用括号注明，如其他(VPN)。连接数量指连接所有直属单位的总数量。

2. 计算机机房：数量，指本单位所有机房的总数量；面积是指机房的实际使用面积，以机房设计资料为准，若无设计资料，则以建筑设计资料为准；等级是指以机房设计资料为准，若无设计资料，填写"无"；建成年份是指机房通过正式验收，正式投入使用的年份；备注是指填写机房所在位置，如一层东侧。

3. 计算机终端数量：总数是指所有终端用户所使用的，且属于本单位固定资产的电脑总数，不包括私人移动终端;连入政务网、连入水务网、连入 Internet、连入局域网、连入公务网(涉密网)是指分别连入这些网络的终端数量,若存在重复,则以该台终端长期连入的网络为准,五者的总和应等于总数。

4. 服务器数量:总数是指本单位服务器总数;连入政务网、连入水务网、连入 Internet、连入局域网、连入公务网(涉密网)是指分别连入这些网络的服务器数量,五者的总和应等于总数。使用年限是指根据不同服务器已使用年限,将数量填入相应的年限区间,数量总和应等于服务器数量总数。

5. 存储能力:总容量是指本单位所有用于存储数据的最大容量,以 GB 计算;已使用容量是指已经使用的存储容量,以 GB 计算。

6. 路由器数量:本单位的路由器总数。

7. 硬件防火墙数量:本单位配置的硬件防火墙总数,终端用户电脑上安装的软件防火墙不在计算之内。

8. 交换机数量:本单位交换机数量总和。

9. 其他网络及安全设备数量:例如加密机、数据库审计、负载均衡等硬件设备总和,并请在备注中说明具体数量,示例如加密机(1)、负载均衡(1)。

10. 网络带宽(M):分别填写连入 Internet 的带宽和局域网自身带宽,以 M 计算。

11. 视频会议:具体内容填写视频会议名称,备注填写终端所在位置和使用频率。

3. 数据

附表 1-4　数据使用情况调查问卷

类　　别	现有数据量(GB)	年增量(GB)
政务类		
业务类		

注:1. 类别:政务类指行政办公系统等非业务应用系统;业务类指本单位所使用的与业务数据收集、处理、统计、决策相关的应用系统。

　　2. 现有数据量:存放于计算机机房内的,已有数据量。

　　3. 年增量:根据历史情况,平均每年的数据增幅。

4. 应用系统及集成情况

附表 1-5　信息系统现状情况表

名称	是否存在信息采集	开发方式	资金来源	立项时间	安全定级	测评情况	完成时间	架构	覆盖范围	用户数	类型	主要功能	累计访问人次	效益分析

注:1. 本表所指信息子系统需同时满足以下条件:(1) 运行于 Internet 或 Intranet;(2) 非单机版

软件;(3) 用户数大于 1;(4) 具备完整的用户交互与浏览等基本功能。

2. "是否存在信息采集"指信息系统是否直接收集管理自动监测、人工监测数据。填写"是"或"否";填写"是",则填写"信息采集点调查表"。

3. 名称:系统规范名称,若申请财政资金的填写申请时的系统名称;若为自筹建设则填写项目验收时使用的完整名称。

4. 开发方式:"委托开发"或"自主开发"。若两者都有,以主要开发方式为主填写。

5. 资金来源:"财政资金"或"自筹资金"。若两者都有,则以示例方式填写,如"财政资金(60%)、自筹资金(40%)"。

6. 立项时间:格式为"××××年××月"。若为委托开发,则填写合同签订日期;若自主开发,则可填写预算正式批复时间或系统立项会议召开时间。

7. 安全定级:分为一级、二级、三级、涉密、未定级。

8. 测评情况:进行了测评的填写最后一次通过测评的时间,未进行测评的填写"未测评"。

9. 完成时间:格式为"××××年××月"。若为委托开发,则填写系统验收会议召开时间。若自主开发,则填写系统试运行时间。

10. 架构:"B/S"或"C/S"。

11. 覆盖范围:系统的应用范围,若单位内部所有部门均可访问,则填写单位名称即可;若单位内部仅部分部门可访问,则填写单位名称加部门名称,例如"上海市水务规划设计研究院(总工程师室、研究中心)";单位名称及部门名称以"三定方案"为准,若无三定方案,则以通常的规范名称为准。

12. 用户数:系统帐户管理功能中所有用户数量或系统可访问的用户数。对于发布与Internet 的系统,此列填写"——"。

13. 类型:系统应用的主要方面,如防汛应急、日常管理、内部办公、资源服务等。仅填写一项,不可复填。

14. 主要功能文字表述系统的主要功能,200 字以内。

15. 累计访问人次:自系统运行开始截至填报本表时间的累计访问人次数。

16. 效益分析文字定性描述系统所发挥的效益,主要指:(1) 结合"三定方案"明确的本单位职责,信息系统所发挥的作用;(2) 组织决策的科学化、协调性等管理效益方面;(3) 社会服务效益方面。500 字以内。

5. 信息采集点调查

附表 1-6　信息采集点调查表

监测系统名称	监测项	采集点数量及频率				
		总采集点	自动采集点	自动采集频率	人工采集点	人工采集频率

注:1. 本表填写系统为附表 1-5 中"是否存在信息采集"一列填写"是"的系统。

　　2. 监测系统名称:与上表中相应系统名称一致。

3. 监测项：该应用系统中的监测指标，并以括号方式注明自动或人工监测方式。如水位（自动）、流量（人工与自动）、雨量（自动）、压力（自动）、地表水质（人工与自动）、供水水质（人工与自动）、风速（自动）、风向（自动）、工情（人工）、灾情（人工与自动）等。

4. 总采集点：该应用系统中总采集点的总数，应等于自动采集点和人工采集点的总数。

5. 自动采集点：该应用系统中，系统自动采集点的数量总数。

6. 自动采集频率：该监测项自动采集的频率，如每周一次，一天一次。

7. 人工采集点——该应用系统中，人工采集点的数量总数。

8. 人工采集频率——该监测项人工采集的频率，如每周一次，一天一次。

附录 2 上海市水务海洋信息化应用现状调研问卷

1. 调查说明

1）调查目标

上海市水务局和上海市海洋局正在进行《上海市水务海洋信息化规划》编制工作，为了解信息化应用的现状，为信息化建设效能评估和未来信息化规划提供依据，特进行本调查，其目的有：

（1）了解现有信息系统的应用状况，从上海市水务（海洋）局全系统管理人员的角度看当前信息系统是否符合业务发展和业务管理的要求；

（2）协助分析信息化改进的方向和空间，收集上海市水务（海洋）局全系统管理人员对信息系统建设的需求和建议。

请根据您所了解的情况如实填写，我们将认真对待您所提供的任何有价值的信息。

2）填写说明

本问卷为无记名问卷。我们在此向您郑重承诺：您所提供的任何信息将受到严格保密。

本调查是《上海市水务海洋信息化规划》编制工作的重要组成部分，也是后续工作顺利开展的重要基础，请您认真填写。

（1）问卷分为选择题和开放题两个部分，其中选择部分分单选题和多选题，单选题您在选择项中选择唯一答案，多选题在选择项中选择所有认为正确的答案；开放部分问题，可以陈述事实、进行评价和提出改进建议，没有任何限制。

（2）如果选项中没有你所表达内容，也可以在空白处填写自己的观点或意见。

（3）您的答案是您自己独立判断的。

（4）您的答案是经过深思熟虑的。

（5）所有的问题都没有对错和好坏之分，只是表达了您个人的意见和看法，不必有什么顾虑，为了局系统未来的健康成长，也为了您个人的发展，请实事求是地认真回答。

3）问卷回收要求

请您在填写完毕后，将此问卷交至上海市水务信息中心，感谢您的支持与参与。

在问卷填写方面有问题请致电。

上海市水务海洋信息化规划工作组

年　月　日

2. 调查问卷主体

1）对信息系统建设的理解和认识

（1）您认为单位一把手和分管信息化领导对信息化建设的重视程度如何？

	不清楚，不知道如何评价	高度重视，经常过问	比较重视，有时过问	一般，偶尔过问	仅仅在口头重视	根本不重视，很少过问
单位一把手	□	□	□	□	□	□
分管信息化领导	□	□	□	□	□	□

（2）信息系统的深化应用会改善目前的管理状况。（　　　）

A. 不会。

B. 不确定。

C. 可能会，但是改善情况不大。

D. 能改善，效果一般。

E. 能大幅度改善。

（3）您认为自己是否能说清楚本单位现有信息系统的使用情况，比如使用了哪些功能模块，每个功能模块的作用等。（　　　）

A. 不是非常清楚。

B. 有一些了解，见过别人使用现有的信息系统，自己没有操作过。

C. 有一些了解，知道自己的模块，对别人的不知道了。

D. 对自己使用的模块非常熟悉，不了解别人如何应用。

E. 对现有信息系统有全面的了解。

F. 对现有信息系统有非常深入的理解。

（4）业务部门要从全局角度高度重视信息系统的应用，充分利用和依靠信息化支撑业务发展，对于这句话，您如何评价：（　　　）

A. 信息化是信息化部门需要考虑的事情，与业务部门无关。

B. 信息化是各个部门自己的事情，做好自己部门信息化就行。

C. 应该重视信息系统的应用，但业务的发展不会依赖于信息化的发展。

D. 信息系统的应用与部门业务的发展息息相关，也于局系统的整体发展息息相关，需要全局考虑。

（5）您认为业务部门在信息化深入应用中应该承担什么角色（多选题）（　　　）

A. 主导本业务部门的信息化深入应用。

B. 与信息化部门共同主导信息化的深入应用。

C. 协助信息部门深入应用。

D. 单位领导和信息部门主导，要我做什么我就作什么。

E. 由信息部门完全负责，与我没有太多关系。

F. 其他请注明_____

2）信息系统现状了解

（1）您对本单位现有信息系统（请在表格填入系统名称，如 OA 系统）应用效果的综合评价是：

整 体 评 价 (按符合程度,1~5分)	OA 系统			
A. 整体应用水平 ① 软件很差; ② 软件本身较好,但其管理思想与本单位不太一致; ③ 软件本身较好,但由于实施原因,应用一般; ④ 软件很好,基本可以实现管理要求; ⑤ 软件很好,可促进我们提高管理水平和工作效率				
B. 易用性 ① 软件使用烦琐,难以掌握; ② 软件使用需要较多培训和使用练习; ③ 软件经过简单培训即会使用; ④ 软件提供便捷的功能入口; ⑤ 软件使用简单,且提供自定义功能				
C. 使用频率 ① 尽量避免使用系统; ② 只在必需的时候使用系统; ③ 只用系统处理简单事务; ④ 较多登录系统,作为获取信息的辅助渠道; ⑤ 常登录系统,已成为工作必需工具				
D. 系统性能 ① 系统稳定性差、经常出现错误; ② 系统运行不太稳定; ③ 系统运行稳定,但安全性不好; ④ 系统运行稳定、安全性一般; ⑤ 系统运行稳定,且配置有较好的权限体系和运行环境				
E. 数据获取性 ① 系统数据查询困难; ② 系统提供简单的数据查询功能; ③ 系统数据查询方便、但不能对数据进行分析统计; ④ 系统提供一定的数据分析功能和报表; ⑤ 系统可以进行简便的报表自定义				

（续表）

整 体 评 价 （按符合程度，1～5分）	OA 系统			
F. 对未来业务的适应性 ① 系统完全不能进行扩展和改进； ② 系统只能在表单层面进行少量修改； ③ 系统可以对业务流程进行新增和补充； ④ 系统可对业务运作模式进行修改和适应； ⑤ 系统完全开放、可以进行多种业务运作模式的支持				
G. 使用效果 ① 完全没效果，且限制了业务的开展； ② 没有什么效果，只是增加了工作量； ③ 有一些效果，但不明显，说不清楚； ④ 有一些效果，自己能够说清楚； ⑤ 有很大效果				

（2）您认为现有信息系统与本单位业务流程是否匹配？（　　　）

A. 不清楚，不知道如何评价。

B. 基本匹配，有些业务流程解决的不是很好。

C. 匹配，日常的业务流程能顺利实现。

D. 非常匹配，对业务流程有很好的优化作用。

（3）您认为在使用了信息系统后，您日常业务处理的变化为：（　　　）

A. 比原来更复杂，耗费更多时间。

B. 没什么变化。

C. 流程获得优化，提高了工作效率。

（4）您认为在现有的信息系统中，业务相关的主数据的保障如何？
（　　　）

A. 不好，存在主数据不全、错误等问题。

B. 正常，能满足日常业务情况。

C. 很好，能很好地支撑业务运作。

（5）您认为现有信息系统为本单位带来的效果如何？（　　　）

A. 没有什么效果，只是增加了我们的工作量。

B. 有一些效果,但是效果不明显,说不清楚。

C. 有一些效果,自己能够说清楚。

D. 有很大效果。

(6) 您认为现有信息系统具体效果体现在(多选题)(　　)

A. 提高了基础管理水平。

B. 促进了业务流程和业务操作的规范性。

C. 完善了基础数据。

D. 促使绩效管理更加清晰。

E. 使得管理和业务上更加精细化,有数据和报表可以支持。

F. 管理观念改变了,促进了管理水平的提高。

G. 减少了工作量,提高了工作效率。

H. 积累了信息化项目的管理经验。

I. 其他请注明_____。

(7) 您认为现有信息系统的实施对您个人产生了哪些影响(多选题)

(　　)

A. 通过现有信息系统的实施,对自身业务有了更全面的认识。

B. 通过现有信息系统的实施,对相关业务有了进一步的认识。

C. 对信息系统的相关知识有了初步了解。

D. 对信息系统的相关知识有了更深的了解。

E. 工作依旧,没感觉到太大变化。

F. 其他请注明_____。

(8) 您认为信息系统提供的数据是否可信?(　　)

A. 非常准确,完全可以信赖。

B. 大部分数据是准确的,仍有少部分数据准确率需要提高。

C. 只有少部分数据还可以,大部分都不可信赖。

D. 基本不可信赖。

E. 不是很清楚。

(9) 您认为对信息系统提供数据的使用程度怎样?(　　)

A. 充分应用信息系统数据为决策分析提供支持。

B. 大部分业务领域应用了信息系统数据为决策分析提供支持。

C. 很少一部分业务领域应用了信息系统数据为决策分析提供支持。

D. 基本没有为决策分析提供任何支持。

E. 不是很清楚。

（10）您认为现有信息系统应该改进的方面有（多选题，限选三项，多选者以前三个为准；选第一个时为单选）（　　）

A. 不需要改进了。

B. 进一步完善基础数据。

C. 完善现有的系统流程。

D. 系统的响应速度。

E. 加强系统方面的培训。

F. 推动业务部门使用。

G. 加强报表统计分析功能。

H. 加强查询功能。

I. 其他请注明_____。

3. 信息化部门服务支撑的评价

（1）信息化部对业务部门信息系统需求的回应和解决，下列说法您持哪种态度？

调　研　项　目	非常不同意	不同意	无法确定	基本同意	同意	非常同意
A. 信息化部门按照明确的程序来回应需求	①	②	③	④	⑤	⑥
B. 信息化需求有明确的标准（例如需求响应的时间）	①	②	③	④	⑤	⑥
C. 业务部门和信息化部门有合适的方式一起讨论和分析需求	①	②	③	④	⑤	⑥
D. 信息化部门能够准确和快速理解业务部门的需求	①	②	③	④	⑤	⑥
E. 业务部门的需求常常得到满意的回复和解决的比率是	5%	20%	40%	60%	80%	95%

（2）您认为身边的同事对信息化建设的关注程度如何？当有信息化项目实施时：（　　）

A. 不清楚，不知道如何评价。

B. 积极关注，很清楚项目的进展如何，主动配合项目组工作。

C. 基本了解，知道项目大致安排，能够配合项目组工作。

D. 有些了解，知道开展项目的这件事情，如果需要，可以配合项目组工作。

E. 很少了解，不愿意参与项目实施。

F. 根本不知道项目进展。

（3）您对与信息化相关的制度了解程度怎样？（　　）

A. 非常清楚，对有关信息化的制度和流程都非常熟悉。

B. 比较清楚，熟悉大部分与信息化相关的制度和流程。

C. 一般了解，只知道与本职工作相关的信息化制度和流程。

D. 虽然使用信息系统，但关于相关制度和流程基本不知道。

E. 没有使用信息系统，所以不知道。

（4）您认为对现有的信息化建设的投入如何？（　　）

A. 非常高，投入了大量的资金、人力和物力。

B. 比较高，投入较其他投资都大。

C. 投入一般，一个非常普通的投资。

D. 投入很小，不值得一提。

E. 不清楚，没有概念。

（5）您认为对信息化培训的投入程度如何？（　　）

A. 非常高，能经常参加到自己希望参加信息化培训。

B. 比较高，能不时地参加信息化培训。

C. 投入一般，偶尔参加信息化培训。

D. 投入较少，基本没有参加过信息化培训。

E. 不清楚，没有概念。

（6）您估计深化现有信息系统，达到比较理想效果，还要多长时间：（　　）

A. 不清楚。

B. 二年。

C. 五年。

D. 十年。

E. 更长时间,请注明_____。

4. 开放性问题

(1) 对于本单位的信息化建设现状,您还有什么话想说:

_____

_____

_____

_____

(2) 对于本单位或全局系统今后的信息化建设,您还有什么意见或者
建议:

_____

_____

_____

_____

感谢您的合作!

您的单位名称:_____

您所在处(科)室:_____

附录3 与水务海洋信息化相关的法律、法规目录(部分)

名　　称	颁发机构	发 文 号	颁发日期	实施日期	备　注
中华人民共和国水法	全国人民代表大会常务委员会	中华人民共和国主席令第十八号	2009 年 8 月 27 日	2009 年 8 月 27 日	1988 年 7 月 1 日起施行,2002 年 8 月 29 日修订,2009 年 8 月 27 日修改

（续表）

名　称	颁发机构	发文号	颁发日期	实施日期	备　注
中华人民共和国防洪法	全国人民代表大会常务委员会	中华人民共和国主席令第十八号	2009 年 8 月 27 日	2009 年 8 月 27 日	1998 年 1 月 1 日起施行，2009 年 8 月 27 日修订
中华人民共和国水污染防治法	全国人民代表大会常务委员会	中华人民共和国主席令第八十七号	2008 年 2 月 28 日	2008 年 6 月 1 日	1984 年 11 月 1 日起施行，1996 年 5 月 15 日修正，2008 年 2 月 28 日修订
中华人民共和国河道管理条例	中华人民共和国国务院	中华人民共和国国务院令第 588 号	2011 年 1 月 8 日	2011 年 1 月 8 日	1988 年 6 月 10 日起施行，2010 年 12 月 29 日修改
城市节约用水管理规定	建设部	建设部令第 1 号	1988 年 12 月 20 日	1989 年 1 月 1 日	1988 年 11 月 30 日国务院批准
中华人民共和国防汛条例	中华人民共和国国务院	中华人民共和国国务院令第 588 号	2011 年 1 月 8 日	2011 年 1 月 8 日	1991 年 7 月 2 日起施行，2005 年 7 月 15 日修正，2010 年 12 月 29 日修订
城市洪水条例	中华人民共和国国务院	中华人民共和国国务院令第 158 号	1994 年 7 月 19 日	1994 年 10 月 1 日	
长江河道采砂管理条例	中华人民共和国国务院	中华人民共和国国务院令第 320 号	2001 年 10 月 25 日	2002 年 1 月 1 日	
取水许可和水资源费征收管理条例	中华人民共和国国务院	中华人民共和国国务院令第 460 号	2006 年 2 月 21 日	2006 年 4 月 15 日	

（续表）

名　称	颁发机构	发文号	颁发日期	实施日期	备　注
中华人民、共和国水文条例	中华人民共和国国务院	中华人民共和国国务院令第496号	2007年4月25日	2007年6月1日	
太湖流域管理条例	中华人民共和国国务院	中华人民共和国国务院令第604号	2011年9月7日	2011年11月1日	
海洋观测预报管理条例	中华人民共和国国务院	中华人民共和国国务院令第615号	2012年3月1日	2012年6月1日	
城镇排水与污水处理条例	中华人民共和国国务院	中华人民共和国国务院令第641号	2013年10月2日	2014年1月1日	
国务院关于加强城市基础设施建设的意见	中华人民共和国国务院	国发〔2013〕36号	2013年9月6日	2013年9月6日	
中华人民共和国政府信息公开条例	中华人民共和国国务院	中华人民共和国国务院令第492号	2007年4月5日	2008年5月1日	
环境信息公开办法	国家环境保护总局	国家环境保护总局令第35号	2007年4月11日	2008年5月1日	
上海市滩涂管理条例	上海市人民代表大会常务委员会	上海市人民代表大会常务委员会第24号公告	2010年9月17日	2010年9月17日	1997年1月1日施行，2010年9月17日修正

（续表）

名　称	颁发机构	发文号	颁发日期	实施日期	备　注
上海市河道管理条例	上海市人民代表大会常务委员会	上海市人民代表大会常务委员会第24号公告	2010年9月17日	2010年9月17日	1998年3月1日施行，2003年10月10日修正，2006年6月22日修正，2010年9月17日修正
上海市防汛条例	上海市人民代表大会常务委员会	上海市人民代表大会常务委员会第24号公告	2010年9月17日	2010年9月17日	2003年9月1日施行，2010年9月17日修正
上海市供水管理条例	上海市人民代表大会常务委员会	上海市人民代表大会常务委员会第24号公告	2010年9月17日	2010年9月17日	1996年10月1日施行，2003年10月10日修正，2006年6月22日修正，2010年9月17日修正
上海市排水管理条例	上海市人民代表大会常务委员会	上海市人民代表大会常务委员会第24号公告	2010年9月17日	2010年9月17日	1997年5月1日施行，2003年10月10日修正，2006年6月22日修正，2010年9月17日修正
上海市深井管理办法	上海市人民政府	上海市人民政府令第52号	2010年12月20日	2010年12月20日	1997年12月14日修正，2004年7月1日修正，2010年12月20日修改

（续表）

名　称	颁发机构	发文号	颁发日期	实施日期	备　注
上海市河流污水治理设施管理办法	上海市人民政府	上海市人民政府令第52号	2010年12月20日	2010年12月20日	1993年11月15日施行，1997年12月14日修正，2001年1月9日修改，2010年12月20日修改
上海市节约用水管理办法	上海市人民政府	上海市人民政府令第52号	2010年12月20日	2010年12月20日	1994年8月1日施行，1997年12月14日修正，2004年7月1日修正，2010年12月20日修改
上海市原水引水管渠保护办法	上海市人民政府	上海市人民政府令第52号	2010年12月20日	2010年12月20日	1995年3月1日施行，2010年12月20日修改
上海市排水设施使用费征收管理办法	上海市人民政府	上海市人民政府令第52号	2010年12月20日	2010年12月20日	1996年1月1日施行，2010年12月20修改
上海市黄浦江防汛墙保护办法	上海市人民政府	上海市人民政府令第52号	2010年12月20日	2010年12月20日	1996年5月1日施行，1997年12月14日修正，2010年12月20日修改
上海市海塘管理办法	上海市人民政府	上海市人民政府令第52号	2010年12月20日	2010年12月20日	1999年2月1日施行，2010年12月20日修改

名　称	颁发机构	发文号	颁发日期	实施日期	备　注
上海市水闸管理办法	上海市人民政府	上海市人民政府令第52号	2010 年 12月20日	2010 年 12月20日	2002 年 4月1日施行，2010 年 12月20日修改
上海市地面沉降防治管理办法	上海市人民政府	上海市人民政府令第52号	2010 年 12月20日	2010 年 12月20日	2006 年 10月1日施行，2010 年 12月20日修改
上海市电子政务管理办法	上海市人民政府	沪府发〔2012〕53号	2012 年 5月28日	2012 年 5月28日	
上海市水务局信息化建设管理办法	上海市水务局	沪水务〔2003〕815号	2003 年 9月10日	2003 年 9月10日	

参考文献

［1］ 胡传廉.基于信息系统技术框架的"智慧水网"规划方法研究［J］.水利信息化,2011(3)：1-6.

［2］ 艾萍、吴礼福、陈子丹.水利信息化顶层设计的基本思路与核心内容分析［J］.水利信息化,2010(1)：9-12.